# ── 洞悉顧客的想法 ──

# 從消費心理學

# 看銷售

## 掌握消費者的心

### 用一句話勾起潛藏購買欲

### 李征坤，楊雙貴
### 劉智惠，劉文斌

## 行銷是一場心理博弈

利用消費者的心理弱點和變化達成交易
透過精準的心理引導，實現互惠雙贏的目標
如何才能夠真正吸引消費者的注意？
顧客不開口，你也能明白

# 目錄

目錄

## 第三章
## 讓顧客保持購買的衝動

## 第四章
## 正確引導顧客進行交易的方法

# 第五章
## 宣傳要怎麼擊中顧客的痛點

# 第六章
## 利用推銷技巧打贏心理戰

# 目錄

# 前言

孫子曰：「知己知彼，百戰不殆。」這是對戰爭規律的總結，也是對一切對抗性活動的規律總結。在行銷領域，如果只是在銷售技巧上下功夫，很可能會和自己的初衷南轅北轍，因此行銷人員必須要學習消費心理學。

一個優秀的行銷人員，究竟憑什麼吸引了消費者的注意？成功和失敗的行銷人員，他們的差別究竟在哪裡？面對同樣的商品，消費者憑什麼要買，又憑什麼不買？怎樣提高自己的銷售業績？怎樣締造自己的行銷傳奇？

這是每個行銷人員都關心的內容，也是本書的價值所在。

顧客就像一座發射塔，他們發射的是自己的需求。成功的行銷人員總能夠調準自己的頻率，準確接收顧客傳達出的信號，在銷售過程中總能夠讓顧客有意外的驚喜，顧客與他們達成交易自然而順暢，有一種水到渠成的感覺。

為什麼如此強調消費心理學對行銷人員的重要性呢？

行銷是一場心理博弈。對於很多消費者而言，價格並不是問題，他們更在乎自己的心理層面。利用消費者的心理弱點和變化，使用一定的行銷技巧，設計獨特的行銷方案，很

快就能促使消費者由消費動機向消費行為轉化。

懂不懂得利用消費者的心理來達成交易，是成功行銷人員和失敗行銷人員的根本差別所在。消費心理學才是行銷人員百戰百勝的法寶。那些成功的行銷人員，因為深諳消費者的心理，才能在行銷的道路上如虎添翼、所向披靡、無往而不勝。

行銷人員之所以失敗，就是因為要麼接收不到顧客發出的信號，要麼誤讀了顧客發出的信號，根本掌握不住顧客最真實的購買需求。顧客在與他們交易的時候，在一來二去之間，總是感覺他們「所答非所問」，最後只能選擇放棄。

這本書就是要告訴你，消費行為究竟受哪些購買心理的支配。

這裡沒有枯燥、難懂的深奧的理論和晦澀的說教，從消費者的心理出發，結合具體的行銷實戰案例，以最易於吸收的形式，用最簡潔的方式來表達。

這裡提供了各種行銷方案和技巧，精闢實用，每條對應著一種消費者心理，有一個或兩個案例，可以供一線行銷人員學習和掌握。

單純賣產品的時代已經結束了。用心理技巧拿訂單，顧客不開口，你也會明白；顧客不答應，你也會有辦法！掌握了消費心理學，就掌握了與顧客交流和達成交易的鑰匙。

# 第一章
## 達成交易的困難之處

買一件東西，絕大多數顧客都不是心血來潮的，總有幾個最主要的原因。即便最即興的購買，也遵循一些十分相似的規律。行銷人員首先要明白顧客想得到什麼，然後根據顧客心理設計行銷策略。

從購買動機到購買行為，中間存在很多不確定性因素。障礙首先來自顧客，像是總希望有額外的斬獲，在多個產品之間搖擺，害怕被騙，有慣性思維等。其次也來自銷售方，不明白顧客的心理特點，無法消除顧客的疑慮，造成了潛在顧客的流失。

# 消費心理有了哪些改變

　　曾經，消費市場上出現了一股極不正常的「搶購風」。有些消費者打破了消費的計畫性，有錢就花，盲目追趕潮流；有些消費者大量支取銀行存款，急速把貨幣變成商品，追求「超前消費」。這個風潮不僅影響了消費者，也影響了生產企業。

　　1990 年代以後，消費者心理在經歷了「搶購風潮」、「超前消費」後，漸漸趨向成熟，在花錢買商品上也更加理性。他們樂於購買品質好、價格又適中的商品，新穎別緻、物美價廉、日用小商品等得到消費者的青睞。

## ■「8 年級生」「9 年級生」的消費心理

　　隨著「8 年級生」「9 年級生」的長大，這一年齡區間的消費族群其消費潛力巨大；從能力上來看，處於 18 到 29 歲的消費者，消費能力旺盛，是推進消費潮流的主力，與其他年齡的消費者相比，更喜歡網路購物方式。

　　這一代人在消費心理特徵上可以歸結為三個方面，如圖1-1 所示。一是樂觀消費，消費目的更強調追求快樂、享受生活，而非傳統的「成就感」；

二是注重個人價值，而對關係消費關注度降低；三是重視品牌，並願意為此付費。他們對低價產品的解讀可能不再是「划算」，而是「不夠高級」。

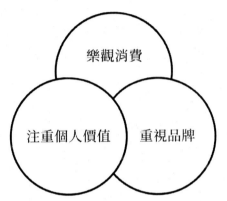

圖 1-1「8 年級生」「9 年級生」的消費心理特徵

## ■ 相關連結

「9 年級生」更喜歡網路購物。「9 年級生」在價值觀、消費觀念、網路購物方面繼承了「8 年級生」的一些特徵。根據一項調查（2010），亞洲的「9 年級生」一代，有超過 80％的人都有上網經歷，超過 60％的鄉鎮兒童的家中有網路連接。所以，想要使行銷適應「9 年級生」的生活，就絕對不可以忽視網路對其的影響力。另外，對於「9 年級生」一代消費族群來說，喜新厭舊也是促使他們進行持續消費的動力。

「00 世代」更具有品牌理念。這一代人沒有受到錢的困

擾，加上商品的極大豐富，所以消費上更加追求品牌、奢華。他們可能是亞洲國家最早具有品牌消費理念的一代。還有一個特點就是，家長們對孩子的成長特別是教育的投入不惜血本。如今，早期教育培訓費就達數萬元，甚至更多。

## ■ 什麼引起了消費心理的變化

消費心理變化的原因是多方面的，既有經濟的因素，也有政治和社會大環境的影響。其中，經濟條件的變化引起消費者的消費認知改變是根本因素。經濟的發展水準對其他各方面的變化有基本的制約作用。

從「高消費」、「超前消費」到漸趨平穩、成熟的消費觀，這一過程對於消費者和經營者都是一次思想的洗禮。如果沒有經濟的持續增長，消費心理不會呈現巨大的變化。遵循市場規律、充分認知消費者需求始終是生產者、經營者、銷售者學習的東西。

消費者的口味越發難調，但消費心理的洞察和消費行為的掌握並非無跡可循。

世界各國的消費者心理正在發生巨大變化。以美國為例，從美國市場中消費心理與行為變化（見圖 1-2），不難看出亞洲今後消費心理與行為研究所面臨的新問題以及如何適應新常態下的市場行銷。

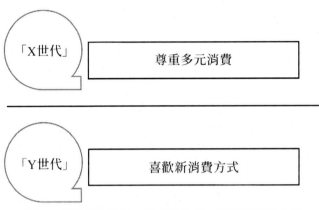

圖 1-2 美國「X 世代」和「Y 世代」的不同消費心理

「X 世代」尊重多元消費。「X 世代」（Generation X，Gen X）指 1965 到 1982 年出生的人，在成長過程中，電腦和網際網路是他們生活中不可分離的部分。他們是具有最高教育水準的一代人，對離異的父母司空見慣，對同性戀從同情到接受。與「嬰兒潮」一代相比，他們的最大特點就是尊重多元文化和消費。他們是傳統消費向現代消費過渡的一群人。

「Y 世代」更喜歡新消費方式。「Y 世代」（Generation Y，Gen Y），是出生於 1982 到 2000 年的人。他們能更熟練地駕馭網際網路，更加崇尚自我，尊重多樣性的選擇。他們所推崇的綠色消費也正在影響商界的每個角落。「Y 世代」購物的方式發生了本質的變化，他們更喜歡透過電腦和網際網路及行動裝置來購物。他們不再熱衷於逛商店，認為這是落後的方式。

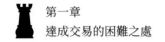

對於「Y世代」而言，簡單的物美價廉已經不能滿足消費者的心理需求，消費者需要的是更加便捷和高品質的服務。新一代的消費行為正逐漸過渡到網際網路上，虛擬、時尚，體驗的優良，都是必不可少的。

## ■ 從消費心理的變化中可以看到什麼

從美國、亞洲消費者心理的變化可以看出，消費者的基本消費心理變化，每個國家都大致相同。

一是人們的消費更加理性化，只願意買自己喜歡的商品；二是網路尤其是行動網際網路對人們消費行為所產生的影響越來越大，衝擊傳統的購物方式；三是人們更加喜歡個性化的體驗、多樣化的選擇，尊重每個人的消費理念，不去干涉他人的消費行為。這三個共性特點的總結如圖1-3所示。

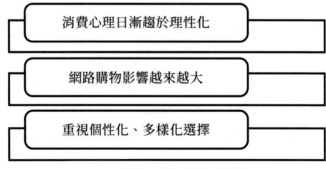

圖 1-3 消費心理的三個共性特點

　　在行動網際網路時代，亞洲國家並沒有落後，在現實中，還展現了一些領先的腳步。在行動硬體和軟體的設計方面，可能與發達國家還有一些差距，但在商業模式和消費者體驗方面，反而走在了世界的前列。很多手機應用者沒有經過電腦時代，就直接跨到了多螢時代。

　　微行銷的崛起，更是應用創新的見證。亞洲在電子商務方面明顯有超過美國的跡象，尤其在行動裝置領域，APP、QR Code、粉絲經濟已經是非常熱門的商業行為，各大電商圍繞著線上實體的爭奪也此起彼伏。

　　還可以看到，消費者似乎更「懶」了，他們懶得動，只等商家把商品送上門來，他們才滿意，所以網路和行動裝置的購物才會那麼紅。可以預見，一鍵購買會成為人們購物的新時尚。

　　多螢時代，新的商業模式和行銷方法很可能會誕生在亞洲。

## ■ 消費者有哪些基本的消費心理

　　一般消費者都具有三個最基本的消費心理：自我認同心理，即求實心理；他人認同心理，即比較、炫耀、求面子的心理；占便宜心理，或者追求物美價廉的心理。其他一些心理也在很大程度上影響著消費者的購買行為，如好奇心

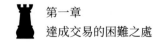

理、求美心理、求速心理等。以下簡要介紹一些典型的消費心理。

求實心理：絕大多數購買者的第一消費心理是求實心理，即在購買時首先注重商品品質、性能、價格等。求實心理讓我們更願意去接觸事實是什麼，而不是停留在我們的感覺和空想中。從求實心理可以看出，購買行為的發生需要自我認可。

比較心理：消費者會基於對自己所處的階層、身分及地位的認同，從而選擇所在的人群為參照而表現出自己的消費行為。相比炫耀心理，消費者的比較心理更在乎「你有的我也要有」。從比較心理可以看出消費者希望得到社會人群認同。

占便宜心理：除了已有的，還希望得到額外的收穫。消費者不僅想占便宜，還希望「獨占」。如果出現如此情況，消費者鮮有不成交的。不過，消費者並不是想買便宜的商品，而是想買占便宜的商品，這就是各種贈品和促銷活動的原因。

好奇心理：以嘗試為主要目的的購買心理。這種顧客常常受到好奇心的驅使，在選購商品時，覺得產品新奇而有興趣。如果能讓他們產生一定的新鮮感，他們就會產生很大的購買欲望，不過僅僅是為了探個究竟，如這個產品用起來是

什麼感覺，好不好用等。

求新心理：以追求流行和新穎為主要目的的購物心理。這種顧客著重於產品的新奇、獨特與個性，注重產品各方面的翻新，而對產品是否經久耐用、價格是否合理不太計較。

求美心理：以追求美感為主要目的的心理。這種顧客著重於形狀、色彩等的藝術性，特別重視顏色、造型、款式組合所帶來的風格和個性，以及產品所展現的文化品味，對使用價值和價格較忽視，尤其不喜歡花裡胡哨、色彩雜亂的商品。

求名心理：以表現自己身分、地位、價值觀、財富等為主要購物目的的心理。這種顧客比較注重產品的品牌、價位和大眾知名度。如果產品令他們產生了等級比較低、配不上他們的身分和地位的感覺，他們就不會購買。

求優心理：以追求優質產品為主要目的的心理。這種顧客對商品的產地、生產者、商標等十分重視，重視商品的使用價值和價值，比較看重品質，在各種條件都差不多的情況下，會優先選擇品質好的產品。

求廉心理：以追求廉價、價格優惠為主要目的的心理。這種顧客比較在乎產品的標價，喜歡大拍賣和打折的商品。商場裡面各種各樣的促銷活動，很多都是為了適應顧客的求廉心理而設計的，是以低價吸引消費者購買的策略。

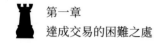

　　求速心理：以得到快速方便的服務為購買目的的心理。
這種顧客對時間及效率特別重視，厭煩挑選時間過長和過低
的售貨效率。在同樣的條件下，多數人都會選擇到手較快的
商品。快遞和物流的興起，適應了人們的這一購物需求。

　　求安心理：以追求安全和健康為主要目的的購買心理。
這種顧客比較重視商品的安全性、衛生性、無毒性及無副作
用。品質檢查就是為了使消費者買到安全和合格的產品，而
綠色消費的興起則適應了消費者追求環保的要求。

### ■ 行銷人員應該怎麼做

　　為適應行動網際網路的發展和消費心理所帶來的變化，
行銷人員和經營者必須做出以下改變，如圖 1-4 所示。

| | |
|---|---|
| 1 | ・理性分析消費者的購物行為 |
| 2 | ・提供超過消費者預期的滿意度 |
| 3 | ・發展網路購物和網路行銷 |
| 4 | ・發展行動購物和行動行銷 |

圖 1-4 應對消費心理變化需要做好四個方面

（1）理性分析消費者的購物行為。新的消費需求要求行銷人員認真研究、理性分析不同層次消費者的特有心理，了解他們的特殊需求，從中找到某種替代性的象徵事物，然後透過別具特色的設計賦予產品某種氣氛、情感、趣味、思想等，憑藉感性的力量去打動他們。

（2）提供超過消費者預期的滿意度。消費者的首次購買是抱著很高的期望值的，當他們決定做出自己的消費行為的時候，會顯得相當挑剔。要贏得新的消費者的信任，就必須讓他們滿意，甚至超過他們的期望。

（3）發展網路購物和網路行銷。大量的人群首選網路購物，沃爾瑪（Walmart）、塔吉特（Target）、百思買（Best Buy）等各類商店無不在網站上廝殺競爭。傳統與網路的銷售通路逐漸合為一體，形成了多通路銷售（Multi－Channel）的新零售業模式，即線上與實體一體的 O2O（Online to Offline）模式。

（4）發展行動購物和行動行銷。年輕人樂意用手機管理銀行帳戶、逛網拍貨比三家、在網路上購物並與朋友分享購物的喜悅。「一個滿意的顧客告訴一個朋友，一個不滿意的顧客告訴每個人」，在網際網路上，普通消費者的影響力之大會超乎想像。

# 花少錢辦多事是常見的動機

　　亞洲消費者普遍有一種節約心理，即追求節約，為了儲蓄，故意抑制自己的消費。總體消費數額被限制在較低的範圍，只能追求少花錢、多辦事，四處尋找物美價廉的商品。各種打折行為和充斥網路的優惠券，都可以看作適應這種節約心理而製造的行銷事件。

## ■ 價格的兩種心理功能

　　價格作為一個客觀因素，對消費者的購買心理產生影響，在一定程度上影響消費者的購買行為，稱為價格的心理功能。

　　（1）衡量商品的價值和品質。價格是衡量商品價值和品質的工具。

　　「一分錢，一分貨」「便宜沒好貨，好貨不便宜」。由於生產技術的突飛猛進，商品品種越來越多，新產品不斷出現，一般的消費者都感到對商品的優劣難以辨別，更難知道哪種商品的價值是多少，最簡單的分辨方法就是看價格。

　　（2）決定消費需求量的增減。價格高低對需求有調節作用。在同等條件下，當商品價格上漲時，消費需求量將減

少。當商品價格下跌時，消費需求量將會增加。一種商品的市場價格變動後，可對消費需求產生多種不同的影響。

## ■ 一味追求節約不是理性消費者

對大部分消費者而言，都面臨一個錢要怎麼花才更超值的問題。如果一個人今天買了裙子或太陽眼鏡，周末就沒有錢到餐廳吃飯，或者還有更重要的用途，如去買手機、去投資等，那麼就要想一想，這錢到底該不該花。

「物美價廉」永遠是大多數消費者共同追求的目標，在生活中，很少會聽見有人說：「我就是喜歡花多倍的錢買同樣的東西。」一般來說，人們總是希望用最少的錢買最好的東西，很多時候，這是占便宜心理的一種表現。

對於消費者而言，如果只看品牌貨或價格高就認定是「好貨」，就容易買到不需要的商品。了解該產品的真正實效，了解生產者，了解同類產品的市場價格比，了解相同品質的價格比，了解用過該產品的使用者口碑等，再做出購物行動，才算是明智的消費者。

對於行銷人員而言，關鍵問題是，如何設計自己的行銷技巧和話術，讓消費者買自己的商品。你也不用擔心，追求少花錢多辦事並不是不花錢，消費者總會有一部分錢要花出去。每個人都有基本的消費需要，這方面變化不會太大。

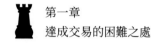
## ■ 總有一定的錢要花出去

日本松下公司準備從新招募的兩位員工中選出一位做市場策劃,於是,對他們進行職前的「魔鬼訓練」,並予以考核。公司將他們從東京送往廣島,讓他們在那裡生活1天,最低標準給他們每人1天的生活費用2,000日元,最後看他們誰手裡的錢多。

只靠節約是不可能的,一罐烏龍茶的價格是300日元,一聽可樂的價格是200日元,最便宜的旅館一夜就需要2,000日元……也就是說,他們手裡的錢僅僅夠在旅館裡住一夜。要麼就別睡覺,要麼就別吃飯,除非他們在天黑之前讓這些錢生出更多的錢。

第一位先生非常聰明,他用500日元買了一副墨鏡,用剩下的錢買了一把二手吉他,來到廣島最繁華的地段——新幹線售票大廳外的廣場上,演起了「盲人賣藝」,半天下來,他的琴盒裡已經是滿滿的鈔票了。

第二位先生或許太累了,他做的第一件事就是找了個小餐廳,要了一杯清酒、一份生魚片、一碗米飯,好好地吃了一頓,一下子就消費了1,500日元,然後鑽進一輛廢棄的豐田汽車裡美美地睡了一覺……

第一位先生的「生意」異常熱烈，他對自己不菲的收入暗自竊喜。

誰知，傍晚時分，厄運降臨到他頭上，一名佩戴胸針和臂章、腰掛手槍、滿臉絡腮鬍的城市稽查人員出現在廣場上。他扔掉了「盲人」的墨鏡，摔碎了「盲人」的吉他，沒收了他的「財產」，還揚言要以欺詐罪起訴他。

第二位先生的投資是用 150 日元做了一個臂章、一枚胸針，花 350 日元從一個拾荒老人那兒買了一把舊玩具手槍和一臉化妝用的絡腮鬍。當然，還有就是花 1,500 日元吃了頓飯。但是他成功了，而第一位先生被淘汰了。

如果兩位被測試的人員可以看成消費者，那麼可以得出有意思的結論。追求節約行為並不是不消費，實際上還可能消費得很多，關鍵是看怎麼做。消費者手中，總有一定數額的錢是一定要花出去的，不買你的商品，就要買其他人的商品，不花在基本生活費用上面，就要花費在享受發展性的消費上面，就和例子中的 2,000 日元如何分配是一樣的道理。

## ■ 行銷人員應該怎麼做

對於消費者不願購物的現象，行銷人員需要理性看待，以下是三個建議（見圖 1-5）。

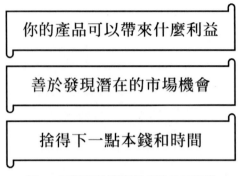

你的產品可以帶來什麼利益

善於發現潛在的市場機會

捨得下一點本錢和時間

**圖 1-5 面對節約型消費者的三個建議**

（1）你的產品可以帶來什麼利益。是花的費用少了，還是節省了跑腿的路費，或者使用的期限延長了？只要消費者認可了你的建議，成交就不遠了。不要暗示消費者價格便宜的商品品質就不好，否則也有可能把交易搞砸。

（2）善於發現潛在的市場機會。要具備敏銳的市場洞察力，能夠看到撲朔迷離的市場中隱藏的市場機會。用心拓展自己的興趣、見聞和知識結構，提高分析、整合和邏輯思維的能力。要多去接觸不同的產業，累積各方面的知識。了解得越多，越有可能發現潛藏的機會。

（3）捨得下一點本錢和時間。先予後取，不要太計較頭幾筆業務賺多少錢，賣鞭炮的往往是一邊賣一邊放，他計算的是一車鞭炮賺多少錢。剛進入目標市場最重要的是傳播訊息、擴大影響、樹立信譽、引起消費者的關注，這些事做好了，銷售額和利潤才會滾滾而來。

# 哪種人會花錢買存在感

一個人不與其他人交流和互換勞動產品，就不能生存。每個人都需要購物，這是由人的社會性決定的。笛卡兒（René Descartes）說「我思故我在」，不過，菁英消費者明顯越來越享受花錢的感覺，他們享受買東西的那種衝動，頗似「我買故我在」。

## ■ 消費行為是一種自我宣示

消費者的購買行為，有時候可以作為一項身分活動而存在，尤其在產品極大豐富、產品差異越來越小的時代，消費者希望透過選擇某種產品來向別人宣告：我是誰，我的喜好，我的品味，我的價值主張，我的身分等。

從某種意義上說，行銷就是一種身分識別與界定。行銷人員透過產品幫助消費者完成自我的表達，消費者透過購買行為建立自我的身分認同，尋找歸屬感。對於一些消費者，只有將產品與他們的價值主張和身分屬性畫上等號，他們才會比較容易接受行銷人員的意見。

## ■ 什麼彰顯了「自我」價值

某居民打算和家人一起到東南亞旅遊。雖然也是在旅行社「跟團」，但他們參加的旅行團有些特別：行程、路線、景點全部自行選定，享受到更加優質的「私人訂製」服務。也就是「想怎麼玩自己說了算，這樣的旅遊才算享受」。

這次出遊，他不僅節省了往返景點、機場的時間，而且無須再費心安排一家人的機票、住宿。總體花費雖然高了一些，但享受的服務品質完全不同，他們都覺得物有所值。

「私人訂製」旅遊日漸風行，只是冰山一角。消費需求更加多樣，個性化服務和產品漸成時尚。如訂製婚慶，從拍攝婚紗照開始，到婚禮舉行結束，全程各項服務都是顧客說了算，大到婚紗照拍攝地、婚禮主體、婚禮流程，小到婚紗照拍攝時間、婚禮流程安排，由顧客先列清單，婚慶公司照單提供服務。

又如主題餐廳，「8年級生主題餐廳」「女僕主題餐廳」已經散落在城市各個角落，吸引了大批嘗鮮的顧客。主題餐廳經營的奧妙在於精準定位，成功挖掘某一類消費客群的需求。

訂製產品的產生，難道不是對個性和自我的一種張揚和識別嗎？現代化的消費主義，更在乎的是自己的感覺，而不是他人的命令和商家的強迫。

「我買故我在」，消費者要體驗的是「在」場的感覺，要將自己的意志和要求注入商品中，實現自己的消費主張。

## ■ 行銷人員應該怎麼做

如何讓消費者體驗臨場的感覺，以下幾個方面值得你思考（見圖 1-8）。

盡量滿足消費者的需求

注重過程中的感受和體驗

開展「社群行銷」

提供個性化服務

圖 1-8 滿足消費者存在感的四個建議

（1）盡量滿足消費者的需求。消費者想要訂製就可以訂製，想要送貨就去幫他們配送。行銷最忌諱的是和消費者對立，消費者喜歡什麼就要提供什麼，違逆消費者就會失去市場。如果一個企業能夠製造潮流，引領消費者的消費傾向，

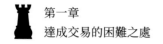
它的商品無疑會大賣。

（2）注重過程中的感受和體驗。iPhone、iPad 就是建立品牌體驗店，為年輕消費者提供不一般的視聽享受，激發了他們的購買欲望。行銷需要將理念特質融入娛樂之中，給予消費者五感的綜合感受，讓他們覺得有意思和好玩。

（3）展開「社群行銷」。「社群行銷」似乎更能深入影響消費者，不妨以個性化的網路行銷誘惑他們。客製化，很多都發生在網路上。可以想像，那些喜歡私人訂製服務的人，多數都有屬於自己的文化圈子，圈子提升了他們的文化品味和服務要求。

不管是哪種圈子，都聚集了很多個性化的人群。在圈子裡，他們樂於分享自己的體驗，也樂於接受別人的經驗，進而作為自己消費的依據。建立一個圈子，打造圈子的知名度，就成為高效的行銷手段。

（4）提供個性化服務。個性化服務越來越值錢。越來越多的商店開始提供個性化的訂製服務（DIY）。顧客挑選喜愛的耐吉 T 恤，美國 Finish Line 公司則為他們印上喜歡的字樣 —— 自己的名字、某句名言或某個號碼。這樣的 T 恤每件 30 美元，是普通 T 恤的兩倍，但因為滿足了消費者的個性需要，所以供不應求。

# 自己欣賞或是引人注目

「誰是這世上最美麗的女子？」《白雪公主》中惡毒的王后總是一遍又一遍地重複著這個問題。「既生瑜何生亮？」喜歡比較的人多半要發出這樣的感慨。很多錢少的人也不時發出為什麼我賺不到那麼多錢的感慨。比較不是罪過，適當的比較也是幸福感的源泉。

比較在心理學上被界定為中性略偏陰性的心理特徵，即個體發現自身與參照個體發生偏差時產生負面情緒的心理過程。行銷學中一般指的是正性比較，正性比較指正面的、積極的比較，是在理性意識驅使下的正當競爭，往往能夠引發個體積極的競爭欲望，產生克服困難的動力。

比較的更高一層境界是炫耀，炫耀心理是以購物來顯示自己某種超人之處的心理狀態，是愛美心理和時髦心理的一種具體表現。很多商品除了實用價值之外，都具有炫耀的性質。也就是說，是為了使自己的面子有光，買來給他人看的。

當代女性，特別是家庭收入較高的中青年女性，喜歡在生活上和人比較，總希望比自己的同事、親友過得更舒適，

顯得更富有。她們在消費活動中除了要滿足自己的基本生活消費需求或使自己更美、更時髦之外，還可能追求奢華、高品質、高價格的名牌產品，或在外觀上具有奇異、超凡脫俗、典雅、灑脫等與眾不同的特點的產品，或前衛的消費方式。

女性心中常有一種「只有我一個」的「唯一」意識，經常希望自己是「與眾不同的一個」。所以向她們銷售商品時，若能提供大多數女性都嚮往的「唯有我用」的誘惑，會使其產生「我是唯一被選擇的對象」之類的快感。

### ■ 不懂炫耀的祕密，葬送民族品牌

曾經有一款轎車以典雅的造型、精心的手工工藝、寬敞的車身，代表著一種極高的社會身分，成為人人皆知的名牌。如今，該款轎車幾乎淡出了人們的視線。

該品牌的悲劇正在於生產者把這種炫耀性物品降為了普通物品。

如果說一般物品走向大眾化是成功的起點，那麼，炫耀性物品走向大眾化則是它失敗的開始。該款轎車大批量生產，改變了原來典雅的形式，用機械生產的部件代替了手工精製的部件，降低了價格，與其他車型在作為交通工具的市場上競爭，這時它的悲劇也就開始了。

作為普通汽車，人人都可以用，談何顯示身分？但作為普通汽車，它的 CP 值不如其他品牌汽車。價格幾乎是福斯、雪鐵龍（Citroen）的三倍，性能比它好的本田、別克（Buick）、歐寶（Opel）價格都比它低。該款轎車象徵身分的作用沒有了，作為普通車又沒有優勢，它的前途能輝煌嗎？

一種物品能成為社會公認的炫耀性物品是非常不容易的，該款轎車在人們心目中作為身分的象徵也是由汽車工人的勤勞奮鬥和當時特殊的歷史條件形成的。但要失去這種地位卻很容易。高品質和高價格才是名牌的生命。

## ■ 行銷人員應該怎麼做

既然顧客的購買行為是為了給別人看的，那麼行銷人員需要注意什麼呢？如圖 1-9 所示。

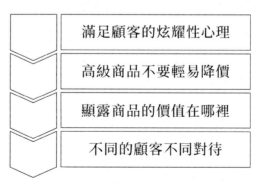

圖 1-9 抓住顧客炫耀性心理的四個建議

（1）滿足顧客的炫耀性心理。順著他們的意願，不要自作主張介紹便宜的商品，或者贈送小禮品，這些都會讓炫耀性的消費者覺得看不起他們，從而拒絕購買。如果一個顧客希望用高級產品來體現自己的高貴，獲得某種愉悅的心理體驗，行銷人員就要抓住這一點，滿足他們的虛榮心。

（2）高級商品不要輕易降價，更不要加入大眾行列。就像上面提到的轎車的悲劇一樣，高級商品的顧客客群是完全不一樣的。高級商品的價值就在於其特殊的地方，摘掉了高級商品的光環，它就成為可以替代的產品。一旦消費者客群變了，中低階的消費者根本不會買帳。

（3）顯露商品的價值在哪裡。炫耀型的顧客最在乎商品的價值在哪裡，是不是他們關注的東西。介紹商品的時候，就要顯示出商品的冰山一角，激起他們的興趣。顯露出的價值就像誘餌一樣，足以激起他們的欲望，使他們想要獲得更多的訊息。

（4）不同的顧客不同對待。青少年、男人、女人、老年人，甚至具體到不同的個人，每個顧客的脾氣和需求都是不一樣的，這就需要行銷人員準確掌握他們的消費心理，加以區別對待。有時候，需要行銷人員「因人而異」，不要用千篇一律的行銷技巧。

# 給予顧客十足的尊重

自尊是人的一種天然歸屬感，消費者也不例外。隨著社會經濟的發展，人們社會地位提高，自尊心理就更強了。消費者在購物時渴望被他人尊重，如受到友好的接待，希望消費行為得到他人的認可。想要不顧他人的自尊，還能賣出東西，除非你能提供更加誘人的價值。

自尊心理，指個體在各種不同的情景中，自認為有條件、有能力、有勝任某些工作實力的心理，這是自信的表現。個體的自信一旦得到滿足，便可在心理上產生積極的激勵作用，使其對自己充滿信心，對社會充滿熱情，體會到自己生活和工作的價值。

## ■ 消費者追求一定的精神享受

心理學家馬斯洛（Abraham Maslow）認為，人有受到他人尊重的需要。人人都希望能夠得到他人的認可和尊重。消費者渴望滿足尊重需要的欲望，包括自尊與來自別人的尊重。自尊包括對獲得信心、能力、本領、成就、獨立和自由等的願望。

　　許多消費者熱衷於購買各種高級、名牌商品，因為這些商品不僅做工精美、品質可靠，還可以提高使用者的身分。面對眾多可供選擇的產品與服務，顧客尤為看重自己得到足夠的重視。

　　銷售技巧很難學，尊重消費者卻簡單得多。在社會中，每個人都希望表現得有能力、有價值、有用處，希望能發揮自己的作用。業績好的人員，首先是因為他滿足了消費者維護自尊心的心理需求，贏得了消費者的信任和好感。

### ■ 感到不尊重，就放棄購買

　　消費者滿懷希望地進入一家商店，本來是肯定要消費的，但由於一些行銷人員以貌取人，覺得顧客穿得寒酸，於是便懶得搭理，或者因為心情不好而怠慢了顧客。這種愛理不理、尖酸冷漠的態度，使消費者的自尊心理受到了傷害，從而放棄了在這裡購物的打算。

　　有一次，喬·吉拉德（Joe Girard）去拜訪一位顧客，與他商談購車事宜。在交談的過程中，一切進展順利，眼看就要成交，但對方突然決定不買了。

　　到了晚上，他仍為這件事感到困擾，實在忍不住就給對方打了電話：「您好！今天我向您推薦那輛車，眼看您就要簽約了，為什麼卻突然走了呢？我檢討了一整天，實在想不

出自己到底錯在哪裡，因此冒昧地打電話來請教您。」

「很好！你在用心聽我說話嗎？」

「非常用心。」

「可是，今天下午你並沒有用心聽我說話。就在簽字前，我提到我的兒子即將進入密西根大學就讀，我還跟你說到他的運動成績和將來的抱負。我以他為榮，可你根本沒有聽我說這些話！」喬·吉拉德對這件事毫無印象，當時他確實沒有注意聽。

電話裡的聲音繼續說道：「你根本不在乎我說什麼，而我也不願意從一個不尊重我的人手裡買東西！」

喬·吉拉德在顧客說話時心不在焉，惹惱了顧客，白白丟掉了唾手可得的訂單。行銷人員不能急躁地推銷自己的產品，一邊拉近關係一邊推銷產品，對消費者有更大的吸引力。喬·吉拉德透過這次銷售懂得了尊重顧客的重要性，從此，他牢記教訓，發自內心地去尊重他的每位顧客，事業取得了巨大的成功。

一位中年婦女走進了喬·吉拉德的雪佛蘭汽車展示中心，說她想在這兒看看車。她想買一輛白色的福特車，但對面福特車行的業務員讓她一小時後再過去。她告訴喬·吉拉德今天是她 55 歲的生日。

「生日快樂，夫人！」喬·吉拉德一邊說，一邊請她進來

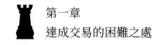
隨便看看,對她說:

「夫人,您喜歡白色車,既然您現在有時間,我給您介紹一下我們的雙門式轎車,也是白色的。」

過了一會兒,女祕書走了進來,遞給喬·吉拉德一束玫瑰花。

喬·吉拉德把花送給這位女士,說道:「祝您生日快樂!」這突如其來的舉動,讓這位女士感動得眼眶都溼了。

「已經很久沒有人送花給我了,」她說,「剛才那位福特業務員看我開了部舊車,就以為我買不起新車,我剛要看車,他卻說要去收一筆款,於是我就上這兒來等他。

其實我只是想要一輛白色車而已,只不過表姐的車是福特,所以我也想買福特。現在想想,不買福特也可以。」最後她買走了一輛雪佛蘭車,並寫了一張全額支票。

吸取教訓後的喬·吉拉德,在接待這位女士時,從頭到尾都沒有勸她放棄福特而買雪佛蘭,結果反而達成了交易。最重要的原因是這位女士在喬·吉拉德這裡感受到了重視,覺得自己確實受到了如同上帝般的待遇,才放棄了原來的打算,轉而選擇他的產品。

為什麼本來不打算購買的顧客能夠放棄原來的想法,原因就是優良的服務讓顧客感覺到了人格的尊重。行銷人員要照顧到顧客的情緒,憑藉服務細節上的周到來打動顧客。任

何一位顧客都討厭受到冷遇，如果行銷人員在談話中把顧客晾在一邊，顧客就不會與你做生意。

## ■ 顧客永遠是正確的

在處理與顧客的關係時，企業應該想顧客之所想，急顧客之所急，虛心接受或聽取顧客的意見，對自己的產品或服務提出更高的要求，以更好地滿足顧客所需。但顧客與企業並非沒有矛盾，特別是當企業與顧客發生衝突時，這條法則更需遵守。

有一家公司，以經營百貨著稱。公司的經營宗旨是：在商品的花色品種上迎合市場的需要，在售貨方式上千方百計地使顧客滿意。商場的顯眼處用霓虹燈製成英文標語：Customers are always right！（顧客永遠是對的！）並將其作為每個營業員必須恪守的準則。為了攏絡住一批常客，公司實行了以下服務方式：

（1）制定了一條制度，重點顧客送貨上門，從而使一些富翁成了公司的老主顧。

（2）鼓勵營業員與顧客建立親密的關係，對那些「拉」得住顧客的營業員特別器重，不惜酬以重薪和高額獎金。

（3）採取一種憑「折子」購貨的賒銷方式，不用付現款，只需到存摺上記帳。

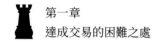
（4）把一般市民吸引到商場裡來。

這些方式的實施，使得無論是上流社會還是一般市民，只要光顧這裡，都能滿意而歸。整個商場整天擠得水洩不通，生意格外興盛。

「顧客永遠是正確的」，隱含的意思是「顧客的需要就是企業的奮鬥目標」，符合行銷活動必須以顧客為中心，以消費者需求作為行銷出發點的觀點。行銷人員應體諒顧客之心，給予耐心和氣的解釋，曉之以理，動之以情，導之以行，做到有理有節，一般情況下，顧客會選擇「報之以李」。

## ■ 行銷人員應該怎麼做

在滿足顧客渴望受到尊重的心理時，行銷人員需要注意以下幾點。

（1）行銷人員不能「勢利眼」，不論什麼樣的顧客都應該一視同仁地對待。勢利眼是最傷害消費者自尊的行為，只要一個眼神閃過，被消費者捕捉到，消費行為基本就終結了。購買不是一次買賣，眼光需要放長遠。

顧客在沒有信任你之前，總要走走看看。

（2）熱情地做好每項服務。注意細節，面帶微笑，微笑可以向消費者傳達一種善良友好、真心實意的感覺，更可以創造一種和諧融洽的氣氛，使消費者倍感愉快和溫暖，不知

不覺,縮短了與行銷人員的心理距離。

（3）照顧顧客的心理感受。顧客的心理感受很微妙,稍微不留神,就會產生拒絕的心理。顧客經常會談及一些和購買關係不大的事情,行銷人員千萬不能流露出不屑一顧的表情。行銷人員要善於觀察,在談話和表情的細節上下功夫,理順和顧客溝通的管道。

（4）體現一種人文關愛。從本質上說,行銷是一種精神層面的東西,可以理解為一種人文關愛。對消費者的關愛,體現了行銷是一種商業大道。

高尚生活的原則是「優雅生存」。優即優質,雅即雅緻。現代經濟學的終極目標也是為實現「優雅生存」而服務的。

在行銷中,如何體現對顧客的尊重和關愛?首先是有一種對顧客的尊重和關愛的思想,尊重顧客、關愛顧客,真正把與顧客的關係當作一種唇齒相依的關係來珍惜。其次是換位思考,你的策略、行銷目標、政策都要善於換一個角度,努力從顧客的角度思考。再次是誠信,誠信也是體現對顧客的尊重和關愛的一種方式。

（5）注意各種場合下禮儀的應用。除了關愛之外,禮儀也是必要的。

喬治·路德（George Rudé）說:「行銷人員需要從內心

深處尊重顧客，不僅如此，還要在禮儀上表現出這種尊重。否則，你就別想讓顧客對你和你的產品看上一眼。」

圖 1-10 是交易中行銷人員需要注意的一些禮儀。

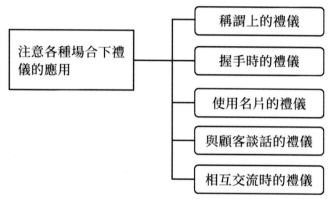

圖 1-10 行銷人員需要注意的一些禮儀

1）稱謂上的禮儀。無論是打電話溝通還是當面交流，彼此之間都需要相互稱呼。如果在稱謂方面就使對方產生了不悅，接下來的溝通就很難產生積極的互動作用。所以，行銷人員必須熟練掌握與顧客溝通時在稱謂方面的禮儀。

一、熟記顧客姓名。行銷人員至少要在開口說話之前弄清楚顧客姓名的正確讀法和寫法。讀錯或者寫錯顧客的姓名，看起來可能是一件小事，卻將使整個溝通氛圍變得很尷尬。

二、弄清顧客的職務、身分。當行銷人員與顧客進行溝通時，還需要在弄清顧客職務、職稱的基礎上注意以下問

題：稱呼顧客職務就高不就低，有時顧客可能身兼多職，此時最明智的做法就是使用讓對方感到最被尊敬的稱呼，即選擇職務更高的稱呼；稱呼副職顧客時要巧妙變通，大多數時候可以把「副」字去掉，除非顧客特別強調。

2）握手時的禮儀。利用握手向顧客傳達敬意，引起顧客的重視和好感，是那些頂尖銷售高手經常運用的方式。要想做到這些，行銷人員需要注意以下幾點：

一、握手時的態度。與顧客握手時，行銷人員必須保持熱情和自信。如果以過於嚴肅、冷漠、敷衍了事或缺乏自信的態度同顧客握手，顧客會認為你對其不夠尊重或不感興趣。

二、握手時的裝扮。與人握手時千萬不要戴手套，這是必須引起注意的一個重要問題，如果戴了就要摘掉。

三、握手的先後順序。握手時誰先伸出手，在社交場合中遵循以下原則：

地位較高的人通常先伸出手，但是地位較低的人必須主動走到對方面前；

年齡較長的人通常先伸出手；女士通常先伸出手。但是，對於行銷人員來說，無論顧客年長與否、職務高低或性別如何，都要等顧客先伸出手。

　　四、握手時間與力道。原則上，握手的時間不要超過 30 秒。如果是異性顧客，握手的時間要相對縮短；如果是同性顧客，為了表示熱情，時間可以稍長，同時握手的力道也要適中。作為男性行銷人員，如果對方是女性顧客，需要注意三點：第一，只握女顧客手的前半部分；第二，握手時間不要太長；第三，握手的力道一定要輕。

　　3）使用名片的禮儀。在接顧客的名片時，一些行銷人員不講究禮儀的做法常常會令顧客感到嚴重不滿。正確的禮儀，除雙手向顧客奉上名片，使顧客能從正面看到名片的主要內容；雙手接住顧客遞過的名片，拿到名片時表示感謝並鄭重地重複顧客姓名或職務之外，還包括以下幾條。

　　一、善待顧客名片。事先準備一個名片夾，在接到顧客名片後慎重地把名片上的內容看一遍，然後再認真放入名片夾中。既不要看也不看就草草塞入名片夾，也不要折損、弄髒或隨意塗改顧客名片。

　　二、巧識名片資訊。除了名片上直接顯示的顧客姓名、身分、職務等基本資訊之外，行銷人員還可以透過一些「蛛絲馬跡」了解顧客的交往經驗和社交圈等。如果上面有住宅電話，行銷人員不妨用心記住，這將有助於今後更密切地展開連繫。

三、對名片進行分類。第一，對自己的名片進行分類。這主要針對那些身兼數職的行銷人員而言。如果你的頭銜較多，那不妨多印幾種名片，面對不同的顧客選擇不同的名片。第二，對顧客的名片根據自身需要進行分門別類。這既可以在你需要時方便查找，也會使你的名片夾更加整齊、有效。

4）與顧客談話的禮儀。一定要把顧客放在核心位置上，不要以你或你的產品為談話的中心，除非顧客願意這麼做。這是一種對顧客的尊重，也是贏得顧客認可的重要技巧。行銷人員在與顧客溝通的任何時候都務必要以對方為中心，放棄自我中心。例如，當你請顧客吃飯的時候，應該首先徵求顧客的意見，他愛吃什麼，不愛吃什麼，而不能憑自己的喜好，主觀地為顧客點菜。

如果顧客善於表達，就不要隨意打斷對方說話，但要在顧客停頓的時候給予積極回應，如誇對方說話生動形象、很幽默等。如果顧客不善表達，那也不要只顧自己滔滔不絕地說話，而應該透過引導性話語或合適的詢問讓顧客參與到溝通過程當中。

5）相互交流時的禮儀。與顧客進行交流時，行銷人員要注意說話和傾聽的禮儀與技巧，要在說與聽的同時，讓顧客感到被關注、被尊重。

一、說話時的禮儀與技巧。說話時始終面帶微笑，表情要盡量柔和；溝通時看著對方的眼睛；保持良好的站姿和坐姿，即使和顧客較熟也不要過於隨便；與顧客保持合適的身體距離，否則距離太遠顯得生疏，距離太近又會令對方感到不適；說話時，音高、語調、語速要合適；語言表達必須清晰，不要含混不清。

二、聽顧客談話時的禮儀與技巧。顧客說話時，必須保持與其視線接觸，不要躲閃也不要四處觀望；認真、耐心地聆聽顧客講話；對顧客的觀點表示積極回應；即使不認同顧客觀點也不要與之爭辯。

對顧客絕對的尊重，是每個行銷人員最基本的職業素養。要從思想上擺正關係，只有消費者滿意了，購買的行為才能達成。要抱著「顧客永遠是對的」觀念，時刻體現出對消費者的人文關愛，不要犯一些明顯的忌諱和錯誤，引起消費者的不滿。

## 購買習慣

「青菜蘿蔔各有所好」，在日常生活裡，我們都會有這種體會：買東西時，會習慣性地進入常去的超市；買衣服時，

會習慣性地進入經常去的小店逛一逛；買化妝品時，也會習慣性地去同一家店面買同一品牌的化妝品。

對消費者購買動機的統計，更多地限於消費者想得到何種價值、好處，想表露何種身分，消費者的情感傾向和要遵守某種社會規範（如環境保護、尊老愛幼）等，卻往往忽略了一個重要、不易察覺的因素 —— 消費習慣。

## ■ 維持慣性購買的兩個重點

消費習慣是指消費主體在長期消費實踐中形成的對一定消費事物具有穩定性偏好的心理表現，是人們對於某類商品或某種品牌長期維持的一種消費需要。它是個人的一種穩定性消費行為，是在長期的生活中慢慢累積而成的。

消費習慣表現在三個方面：消費者對某種商品的偏好；消費者對商品品牌的偏好；消費者對消費行為方式的偏好。那麼，什麼樣的產品更容易建立長久健康的消費習慣呢？或者說，維持慣性的消費思維的基本要求是什麼呢？

首先，產品品質保持著長期的定性。比如，習慣購買臺中知名「辣椒醬」的消費者，只喜愛「辣椒醬」的特有味道，生產企業必須長期保持這種風味才能穩住固定的消費客群；如果使用過多的化學原料，原有的特色風味丟失了，消費者的習慣就會轉移。

其次，商品屬性對特定客群有一定的吸引力。要使消費者對商品保持高頻率的購買行為，商品的屬性中必須具有特定的吸引力因素。比如，一家牙膏廠生產的「小白兔」兒童牙膏，在牙膏中加入了草莓香味，使兒童更樂意使用牙膏，從而養成經常刷牙的好習慣。

## ■ 找到問題關鍵，改變消費習慣

消費習慣固定了人們的購物選擇，但是它並不是不可以改變的。對於行銷人員來講，只要找到消費行為背後反映的消費心理，根據消費心理設計產品和行銷策略，就有改變消費習慣的可能。如果一種消費習慣的影響因素比較單一，改變起來就比較簡單。

日本的冷氣機廠商開拓中東地區市場時，先對市場做了一些調查。

他們發現，最先進入中東地區銷售冷氣機的廠商來自美國和英國，但該地區的消費者對於這些國家的冷氣機並沒有太多的興趣，原因是機器總是出問題，出現停轉的現象。

日本廠商經過仔細研究，得出一個結論：美國和英國的冷氣機在中東地區總是出現停轉問題的原因在於，該地區多沙，冷氣機的防沙能力很差，美國和英國的生產者沒有設計防沙功能的意識，所以生產的商品不適應這一地區的消費要求。

日本廠商隨即著手改進冷氣機的防沙能力，對冷氣機的進出口進行了防沙性能處理，並且在廣告中大力宣傳日本冷氣機在中東地區的適應性。

結果，日本冷氣機一下子把美國和英國等國家的冷氣機擠出了中東地區市場。

複雜的消費習慣，需要整套的行銷措施改變，一個地區的消費習慣要複雜得多，需要很多配套措施的實行。很多地域性的消費習慣是在很長的歷史中慢慢形成的，受自然和社會雙重因素的影響，改變起來就會非常困難。如果能取得一定的效果，得到的收益往往也會很大。

經過了和日本政府長達 24 年的談判，美國蘋果終於被准許於 1995 年 1 月在日本銷售。為了成功地打入日本市場，美國蘋果種植者協會仔細分析日本蘋果市場的競爭因素，深入研究日本人的蘋果消費習慣，制定出一套有效的銷售計畫，結果一炮打響。

進入日本市場以後，美國蘋果面臨著兩個挑戰，一是日本蘋果種植者的抵制，二是日本消費者的不接受。日本人吃蘋果的方式和美國人大不一樣，大多數美國人把蘋果當作午餐或零食，咬著吃，不削皮；

然而在日本，蘋果大多用作飯後甜食，削了皮切成小塊再吃。日本蘋果一般要比美國蘋果個頭大得多。

　　針對日本市場的特點，美國蘋果種植者協會為蘋果的定位是「有益於健康的方便零食」。很明顯，美國蘋果在日本的定位，目的在於創造新的市場需求，避免與現在日本蘋果市場的直接競爭，從而消除日本蘋果種植者的抵制。

　　美國蘋果種植者協會在日本開展了一系列旨在改變日本消費者食用蘋果習慣與觀念的促銷活動，其中精彩的一項是「咬蘋果大賽」。美國蘋果在日本上市的第一天，美國蘋果種植者協會在東京鬧市區搭起高臺，人們自願登臺參賽，能一口咬下最大塊蘋果者，獲得一件印有美國蘋果圖案的運動衫，旁觀者每人贈送三個美國五爪蘋果。

　　大多數日本人，特別是年輕人對美國和美國產品的印象比較好，美國蘋果種植者協會希望這種一般印象有助於日本消費者接受美國蘋果。美國蘋果在日本上市的前一天，當時的美國總統柯林頓在美日貿易會談結束儀式上，把一籃美國五爪蘋果贈給日本首相，對此美國和日本的電視臺都給予了報導。

　　與這些公共關係活動相配合的是美國蘋果的定價策略。美國蘋果在日本售價僅為每個 75 美分。這個價錢很合理，而且與美國蘋果為方便零食的定位也是一致的。有趣的是，這個價格仍然高於美國國內的蘋果價格，美國蘋果在日本市場的價格大約為美國市場的 4 倍。

美國蘋果在日本市場取得重大突破，改變了當地的消費習慣。有兩點值得學習，一是對當地消費者市場做了較為深入的了解，而非貿然行事；二是巧妙地利用日本消費者崇美的心理大做公關活動，使產品容易被接受。

## ■ 行銷人員應該怎麼做

消費習慣不容易改變，行銷人員需要對以下四個方面時常進行思考，如圖 1-11 所示。

（1）改變消費習慣需要充分的市場調查。發現一個地區和人群的消費習慣並不是一件輕鬆的事情。想要去改變它，前提是你可以看到它。一切行為的前提條件是你要捨得花足夠的時間和金錢做市場調查。

（2）複雜的消費習慣需要行銷匹配。改變消費習慣比迎合習慣風險更大，即使找到了消費者需求，培育市場和教育消費者需要很多財力和時間上的投入，很難馬上就成功。所以你需要事前做好整套的計畫，尤其是各種行銷措施要能支持匹配你的計畫。

（3）對消費習慣要進行合理的引導。正如對待洪水一樣，我們堵不住，又不能放任自流，最好的辦法就是引導。引導是給消費者一個消費你的產品的全新理由，這個理由一定是其他同類產品所不具備的。引導就是讓消費者認同你的說服工作。

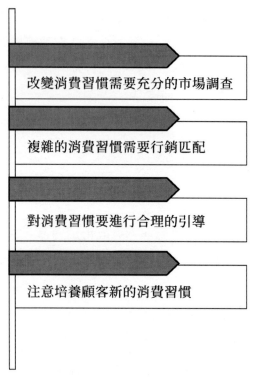

圖 1-11 改變消費習慣值得行銷人員思考的四個方面

（4）注意培養顧客新的消費習慣。一個全新的消費習慣的產生，比改變一個舊的消費習慣更有意義。簡單地說，一行銷、二廣告、三試用。消費者對於任何新型產品都有一個認識、認知、認同和購買的過程，行銷會發揮連接的作用。行銷的最大價值是透過一系列的行銷措施，對消費者持續不斷地施加影響。

# 不果斷成交會錯失機會

成交需要打鐵趁熱，有些行銷人員害怕向顧客提出交易，反而耽誤了成交。如果給顧客過多的猶豫時間，有時會致使顧客轉到其他的產品和方向，造成顧客資源的流失。關鍵的時刻，必須勇於果斷成交，催促顧客達成交易。

顧客的購買心理受猶豫心理的制約，有一個最佳的交易時間。未到成交的最佳時機，卻向顧客提出了成交要求，顧客因為存在很多顧慮或不滿，多半不會答應。反過來，當成交的時機已經到來，如果及時提出要求，多半能夠順利成交。

行銷人員必須清晰地認知到，我的產品、服務能給你帶來什麼幫助，能帶給你什麼樣的改變，滿足什麼需求。在這些都非常明確的情況下，再給顧客一個無法拒絕的成交主張，顧客才會願意和你交易。

小王是房地產產業的一名仲介。假期時，來看房的人很多，李先生也是其中一位。李先生要求的樓層屬於熱賣的樓層類型，沒有合適的房源。事情湊巧，馬上進來了一位王女士，她以前來詢問過出售房屋的事，小王給她詳細地介紹過，所以

她是拿著地契過來的，登記了一套某區的出售房源。

等她離開後，小王立即給李先生打電話，介紹房子具體情況，他當即表示很感興趣，要看房。在路上，小王一直強調房屋位置離小學近，樓層低，老人上下方便等，針對他的要求介紹房子的優點。在談到價格問題時，小王清楚屋主的心理底價是 450 萬元左右，所以對李先生說這房子本身已經很超值了，所以價格不好再降。李先生看了房子很滿意，小王馬上提議他定下來，和屋主談價。

屋主堅持最低 450 萬元，李先生要求回家商量，自己做不了主。小王建議李先生請家人幫他拿主意，最後家人也沒什麼意見。李先生還是有些猶豫，這時，小王就開始催促他趕快下決定。他強調這是間剛上的新房源，五家連鎖店有不少要看房的顧客，如果這次定不下來，恐怕就會被別人定下了，到時屋主很可能會漲價。在小王的催促下，李先生再三考慮之後，終於去取定金了，簽約過程也很順利。

從李先生的猶豫表現看，如果小王不果斷提出成交，恐怕就會擱置。所以，要抓住顧客，抓緊時機很重要，相比平時的長線作戰，長久地培養顧客、回訪顧客來說，果斷成交在人力、物力、財力上都更有效率。

一次短平快的果斷成交，行銷人員的努力會得到明顯的回報。

在合適的時機果斷向顧客提出成交要求，非常重要。錯過一兩次成交的機會，很可能會導致本來大有成功希望的交易化為泡影。及時抓住那些有利的成交機會，可以使銷售具有更高的效率。

行銷人員對於成交時機的到來要隨時做好準備，並且要在不同的階段採取不同的方式對顧客提出試探性的成交要求。如果顧客答應了你的要求，那麼成交就會實現；如果顧客還沒有答應，就表明你的要求為時過早。

## ■ 行銷人員應該怎麼做

什麼情況下可以提出果斷成交的建議，如圖 1-12 所示的四個方面值得你思考。

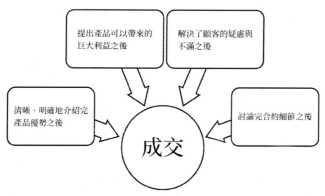

圖 1-12 果斷提出交易的四種情況

（1）清晰、明確地介紹完產品優勢之後。行銷人員應確保顧客對產品相關的優勢有充分的理解，需要站在顧客關心的角度去做說明。顧客會對行銷人員介紹的某些優勢感到動心，一些實實在在的優勢對於顧客來說具有很大的吸引力。

（2）提出產品可以帶來的巨大利益之後。當透過自己出色的銷售技能說服顧客認同產品帶來的某些重大利益時，行銷人員需要迅速抓住這一時機，採取合適的方式向顧客提出成交要求，暗示也是可以的。

（3）解決了顧客的疑慮與不滿之後。顧客會針對他們的需求和內心疑慮對行銷人員提出一系列問題，對於顧客提出的任何問題，行銷人員都應該認真予以解釋。當顧客內心的疑慮和不滿全部打消之後，就不要等待顧客提問了，而是果斷地向顧客提出成交要求。

（4）討論完合約細節之後。對於合約細節的討論，其實是顧客已經在明確地向你表達他們的購買要求了，這也是你提出成交要求的最關鍵時機。

如果此時仍不果斷地提出成交要求，就只能為失敗而感到遺憾和後悔了。

# 如何讀懂顧客消費心理

為什麼我花了半天的時間跟顧客溝通，卻換來一句「我不需要」，或者「我再考慮一下」？為什麼顧客總是那麼飄忽不定？為什麼顧客買別人的東西而不買我的？答案是：你沒有精準地讀懂顧客的消費心理。

## ■ 每個顧客都渴望被讀懂

沒有弄明白顧客的真實需求，亂說一通，其實是典型的盲目推銷，成交的機率是很小的。行銷，是行銷人員與顧客之間心與心的互動。行銷是一場心理博弈戰，誰能夠掌控顧客的內心，啟發顧客的內心，誰就能成為行銷的王者！讓我們先來看一個小故事。

有兩位帥哥大學生，小華與小冰，同時喜歡上了一個漂亮的女大學生 —— 蓉蓉。為此，兩人約定一起追這個女孩子，看誰先追上。

小華開始了猛烈的愛情攻勢，他天天在蓉蓉樓下等，買玫瑰花，陪上自習，一起學習討論問題；同時他也打扮得很得體，舉止優雅，學習上進，表現得很完美。日子一天天過

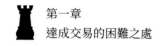

去了，蓉蓉總是若即若離，他為之苦惱。

小冰則優哉游哉，不急不亂。除了偶爾說點笑話逗逗蓉蓉，其他的都沒有做。有一天，小華看到蓉蓉依偎在小冰的懷裡撒嬌，他意識到自己失敗了。於是，他很失落地請教小冰，到底自己在哪裡敗給了他？

小冰意味深長地說：你哪裡都比我好，可我比你更懂得蓉蓉內心需要什麼。小華又問：那你對蓉蓉做了什麼呢？小冰則回答說：我什麼都沒做，我只多辦了一支電話號碼，然後告訴蓉蓉，這個電話永不占線，也不停機，是只屬於她的專線，下雨天忘記帶雨傘或天黑了一個人回家時，記得打電話給我。

也許你的產品或服務都比我的好，但我更懂得顧客的內心需求。讀懂顧客的內心，將會讓顧客懷著感激的心向你購買東西。這個世界，有很多人渴望被讀懂。

## ■ 為什麼你總是被顧客拒絕

當你決定要開始對消費者進行說服的時候，你應該做的是百分之百地了解你要對誰說話，他的生活狀況怎樣，有什麼樣的習慣等。使用他們的語言與他們溝通，才能挖掘出他們內心真正的需求。

某公司的業務員小強因為業績上不去，很是著急，於是

他決定拜訪幾家顧客。他來到了一家菸酒店，希望能拜訪一下這家店的老闆。

由於第一次相見，小強很不熟悉店老闆。進店之後，小強與老闆寒暄了幾句，說明了來意後，趕緊接著說：「老闆，我這次來拜訪您，主要是向您推薦一下我公司的最新產品，一瓶價位288元，零售可以賣到358到408元，而且公司還有促銷，力道很大，一箱贈送價值250元的可樂。您看，要不要來一箱，試試看？」老闆只是輕描淡寫地說了一句：「哎呀，現在業務員比顧客還要多呀，溫度比酒精濃度還要高啊！你看，我這哪有地方擺放啊？等有地方再說吧！」說完，指指堆滿白酒的貨架，示意小強自己去看。小強看了一眼，的確是這樣，到處都是酒啊！無奈之下，小強向老闆告辭，走出了這家菸酒店……

很明顯，這是一個不成功的拜訪案例。如果是你，會怎樣面對這樣的問題呢？小強的介紹比較簡短，言簡意賅，沒有問題！公司的產品有沒有問題？產品是公司剛剛上市的新品，利潤很大，也沒有問題！

促銷有沒有問題？也沒有！因為相對於這個價位的競品，50%的促銷力道已經非常大了！但是，為什麼小強仍然沒有說服顧客呢？

店老闆拒絕背後的真正原因是什麼？店內貨架真的擠不

下了嗎？為什麼別的競品可以大搖大擺地放在店裡呢？如果運用思辨的精神去想一下老闆剛才的話，答案就可以瞬間找到。

小強的介紹，其實並沒有切入老闆所在乎的關鍵點。為什麼老闆要說業務員比顧客還要多？為什麼老闆要說溫度比酒精濃度還要高？原因就在於現在正處於白酒銷售淡季，天氣炎熱，白酒賣的比較慢，占用資金比較多。

一瓶 288 元，一箱就是 1,728 元，誰願意占用這筆錢呢？

我們完全可以找到顧客拒絕背後的真正原因：老闆擔心資金占壓！如果賣不掉，風險很大。很簡單，找到病因，對症下藥。小強完全可以說：「老闆，我們的酒雖然占壓您一定的資金，但是您放心，只要您現金進貨，我們可以保證，如果您一個月沒賣掉，公司可以無風險退換，這下您可放心了吧！而且，我們與競品相比，還有 50% 的促銷力道呢！這都可以變成您的利潤呀！」

不能洞察顧客心理，銷售能力就很難獲得實質性的提升。卓越的行銷人員，都是善於洞察別人內心的高手。發自內心的真誠，大腦的思考和斟酌，妙語連珠的語言形式，都是必要的。找到顧客的真實需求，解決他們的購買障礙，才能最終實現交易。

## ■ 如何讀懂顧客的消費心理

要回答這個問題，先要走進人的心理世界，看看人的消費心理。人的購買欲望，來自一系列良好精神狀態中的一種或幾種，如滿足、愉快、興奮、自信、安全、希望或力量感等。

人們購買東西，一定出於自己內心的消費主張，而不是因為你的產品有多麼好，人們非買不可。那麼，如何深入地了解並洞悉目標顧客的消費主張呢？如圖 1-13 所示。

（1）分析顧客消費的基本動機。顧客消費的基本動機都是滿足自我，他們購買你的產品的最初與最終目的都是讓自己過得更好、更舒適。想要洞悉顧客的購買動機，只需要問以下幾個問題：

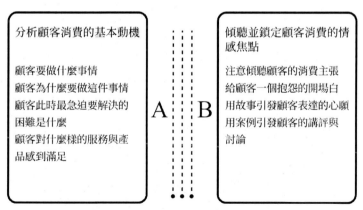

圖 1-13 如何洞悉顧客的消費主張

一、顧客要做什麼事情，或者具體需要一個什麼產品？（結果）

二、顧客為什麼要做這件事情，或者購買這個產品是為了什麼？（目標）

三、顧客此時最急迫要解決的困難是什麼？（障礙）

四、顧客對什麼樣的服務與產品感到滿足？這種滿足包含哪些方面？（標準）

寫下答案；你會驚奇地發現，顧客最本質的消費動機就是：找一個人幫我把事情做好，找一種產品幫我解決一個問題。

以裝修為例，顧客的基本消費動機是什麼？

第一個問題的答案就是：顧客想要裝修他的房子。

第二個問題的答案就是：顧客想要讓房子適合居住（實用性目標），有風格（虛榮性目標），價格實惠（CP 值目標）。

第三個問題的答案就是：顧客想找一個有設計能力、有風格、價格實惠的公司。

第四個問題的答案就是：好看、實用；省錢；方便；舒適、合乎心意。

（2）傾聽並鎖定顧客消費的情感焦點。如何知道顧客心裡的情感訴求呢？

　　一、注意傾聽顧客的消費主張。每個顧客都喜歡抱怨與擔憂，而且他會第一時間把這些擔憂傳遞給行銷人員。接著上面的裝修的案例來做說明。

　　假如你的顧客要裝修房子，此時你打出一個廣告：「花50 萬元，裝修出 100 萬元的品味。」這個廣告很好地表達了顧客的兩個目標：CP 值高，有品味。

　　二、給顧客一個抱怨的開場白。比如，你對顧客說：「裝修是一件多麼累人的事情啊！」此時顧客會接腔說：「是啊，我一直為之發愁，擔心水電，擔心家居。」顧客發言後，你會很清晰地知道顧客心裡擔心什麼，把這些擔心記下來，再簡單發問：「你擔心水電什麼呢？」再把細節記下來，在裝修設計的過程中，著重突出這些細節。

　　三、用故事引發顧客表達的心願。你可以在你的宣傳單上寫下某個顧客裝修累死累活的全過程，並留下問題：「裝修，到底圖什麼？」顧客看完這個案例，請他發表觀點，記下他的觀點（行銷人員一定要給顧客發表觀點的機會），再適時地針對細節發問。

　　四、用案例引發顧客的講評與討論。你可以提供一些案例給他們看，最好附上顧客的感謝信。顧客會開始批評或討論你的成功案例。不要在乎他們的批評，靜靜地傾聽他們的批評，並記錄下來。然後說一句：先生／女士，你真的太有

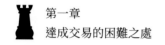
水準了，我剛剛仔細記錄了你對裝修的一些高見，以及你的需求，你過目一下。

記住這個過程的步驟：傾聽、分析並鎖定，你就能明白顧客究竟想要什麼。所謂知己知彼，百戰不殆。消費者最喜歡行銷人員知冷暖，而不是一上來就只關心他們的錢袋子，恨不得馬上把錢掏出來。作為一個超級行銷人員，賣出產品並不是最終的目的，讓顧客主動找上門來才更有本事。

## ■ 行銷人員與消費者溝通的 11 個方法

### 1. 詢問法

消費者選購商品時，大多會左顧右盼，這時行銷人員要積極主動地上前進行介紹。我們需要判斷消費者是第一次購買，還是某個品牌的忠實顧客。可以先詢問：「你好！你是來買 ×× 的嗎？」他肯定會說「我是來買 ×× 的」，或者說「我來看看某一品牌的產品」。只要了解了消費者的真實需求，就可以對症下藥！

### 2. 建議法

得知消費者的需求後，可以做下一步的工作。如果 · 一直使用某個品牌，那可以說：「哦，那個品牌也不錯，不過，我們的產品在它的基礎上又多出了一些新的功能、優勢

等，而且我們今天剛好有活動，所以我建議你，買我們這個品牌會更划算一些！」

## 3. 換位思考法

　　一定要站在消費者的角度，分析我們產品的優勢，不能一味站在想賣產品的角度上考慮問題。在溝通中，可以幫助解決在使用慣用產品時存在的問題。以奶粉為例：消費者說小孩子喝奶粉時出現腹瀉等，就可以幫忙分析原因，查出根源，這樣消費者有種被關心的感覺。

## 4. 解決問題法

　　很多時候，消費者對產品知之甚少，一名優秀的行銷人員應該先了解產品及側面了解消費者家庭狀況，推薦適合消費者的品牌，幫助 · 解決問題。一定要切中要害。

## 5. 利益分析法

　　消費者總想多要一些促銷品。在消費者猶豫不決時，可以和他說：

　　「這樣吧，我看你也比較想買，現在買的話，我可以再多送你什麼禮品。」

　　這樣，消費者感覺自己又多得了些利益。或者消費者感覺某一品牌更便宜時，可以說：「很多消費者都反應那種品

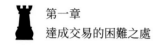
牌存在一些問題，一分錢一分貨，我們的產品雖然稍貴了一點，但很多消費者都覺得這個品牌很值得信賴。」

## 6. 舉例渲染法

　　在經過行銷人員分析後，如果消費者還是對產品半信半疑，這時可以對他說：「剛才那位大姐都買了三五件；你看，這是我記下的顧客報表，今天已經有五位顧客購買了，你可以打電話問一下，看我們產品是不是更好一點。」從消費者的心理來說，在沒主見的時候，可以拿出實際的例子讓他看，以消除心裡的顧慮！

## 7. 幫助選擇法

　　當消費者在購買與不購買這兩種選擇中猶豫時，行銷人員一定要立即幫他做出決定，但是一定不要問「請問你要還是不要」，一定要這樣問：「你是要三件還是要五件？」然後接著說：「其實要五件最好，因為我們今天有活動，要五件的話，我可以再多送你一些贈品。」消費者很少會說不要。其實，他已經決定購買了，只不過還沒有足夠的理由說服自己。

## 8. 假裝吃虧法

　　有時候，消費者只是想多要一點東西。為了促使他們購買，行銷人員可以這樣說：「你說的這個價錢真的不行，昨

天我用這個價錢賣了一件，結果回去公司一算賠錢了，把我罵了一頓。你要是真的想要，我只能多送你一點禮品，就這樣還只能偷偷送你。」消費者聽到這樣的話，一是感覺已經在心理上占到了便宜，二是感覺行銷人員確實不容易。

## 9. 時間限制法

一些消費者有愛往後拖的習慣，可能會問：「你們明天還有活動嗎？」這說明兩個問題，一是今天帶的錢可能不太多，二是認為明天如果有活動的話，明天再買。行銷人員應該說：「明天沒有了，活動就一天。」或者說：「這個說不準，根據公司的安排，我們作活動大都是一天的時間，所以你還是今天買比較划算，萬一明天沒有了，你就錯過這個機會了。」

## 10. 婉轉回答法

有些消費者在第一次購買某商品的時候，會觀察一會兒再做決定，他可能會說：「我在這兒看了半天，你們的產品也沒賣多少，賣得不好。」

行銷人員一定要警惕他的用意，他的意思是想讓你肯定地說賣得很好。

當消費者這樣說時，要婉轉地回答：「其實在這裡除了某個品牌，我們是賣得最好的。」或者說：「賣得不能說最

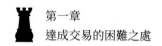

好，但一個月也賣了幾萬元，並不算少。」或者說：「昨天一天就賣了一萬多元。」你想說賣多少就說賣多少，這僅僅是一種渲染。

## 11. 假設成交法

有些消費者，心裡很想買，但總怕買得比別人貴。為了安撫，可以對消費者說：「這個價格已經是最低價了，不信你看我們的報表，全是統一價。你真的想要嗎？」如果消費者說想要，只是價格高了一點，這時行銷人員可以接著說：「你要是真心要買的話，那這樣吧，我再問問我們的主管，看行不行，如果他說就這個價錢，那我也沒辦法幫你了。」

最後再和消費者說：「主管說了，這個價格已經是最低價了，如果更低的話，少的錢我得出。」最後催促購買：「你就趕緊買吧，都是一樣的價錢，不可能騙你一個人。」

# 第二章
## 抓住顧客心理弱點的方法

　　顧客是非理性的。交易可以利用消費者的心理弱點，如免費體驗、跟風購買、反向心理等，去促成顧客的購買行為。很多顧客原來沒有購買欲望，但透過一定的行銷方案設計，完全可以實現由潛在顧客向實質顧客的轉變。

# 免費體驗

人們常說，世界上沒有免費的午餐。但現在很多商家就是願意提供給消費者免費試吃、免費體驗的服務。難道是商家變得更加高尚了嗎？其背後利用了哪些消費者心理？商家為什麼認為這樣做消費者會更容易做出購買的決定？

根據心理學研究，大部分消費者都是抱著「互惠心理」去購物的，給商家一些利潤，然後買到合適的產品，享受到基本的服務。實際上，消費者都不願意虧欠別人，一旦受惠於人，就會產生一種虧欠對方的壓力，如果能夠及時回報對方等值或超值的恩惠，這種壓力就會得到釋放。

一位大學教授做了一個小小的實驗：他給隨機抽樣挑選出來的一群素不相識的人送去了聖誕卡片。雖然他也估計會有一些回音，但隨後所發生的一切還是大大出乎他的意料，因為從那些素未謀面的人處寄來的節日賀卡雪片似地飛了回來。這個實驗雖小，卻很巧妙地證明了我們身邊最有效的影響武器之一 —— 互惠原理在人們的行為中所造成的作用。互惠原理認為，我們傾向於盡量以相同的方式回報他人為我們所做的一切。

　　免費體驗利用的就是消費者的這種心理。作為商家，希望在免費體驗之後可以得到消費者相應的「投桃報李」的行為。當然，既然提供免費的體驗服務，就一定要拿出最好的東西提供給消費者，使他們有一個絕佳的體驗，否則，可能會造成相反的效果。

　　說到免費體驗，就不能不說體驗行銷，免費體驗僅僅是其中的一種。

　　體驗行銷是指透過讓消費者看、聽、用、參與等手段，充分刺激和啟發消費者的感官、情感、思考、行動、聯想等感性因素和理性因素，重新定義和設計消費者腦海中的思考方式，最終讓消費者實現對品牌認同的行銷方式。


## 宜家讓顧客擁有參與感

　　宜家家居於 1943 年創建於瑞典，「為大多數人創造更加美好的日常生活」是宜家公司自創立以來一直努力的方向。宜家品牌始終和提高人們的生活品質連繫在一起，「為盡可能多的顧客提供他們能夠負擔的設計精良、功能齊全、價格低廉的家居用品」。

　　最近在澳洲開的新店有點特別，它號稱「全球第一個由

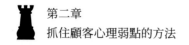
顧客建造的宜家」。這家新店位於雪梨西部的馬斯登公園，
粉絲在這裡可以申請到一些奇奇怪怪的職位。比如，如果你
有信心在最短時間內把一堆複雜的零件組裝成家具，可以去
應徵「終極家具組裝師」。

還有針對小孩子的職位，「球池檢驗師」—— 就是在兒
童遊樂場裡經常看到的那種裝滿塑膠球、小朋友在裡面「游
泳」的大池子。只有小孩子才知道怎麼設計一個完美的球池。

還有「舒適度協調員」，負責檢驗每件家具產品的舒適
度，如床、椅子、枕頭。不出意外的話，你可以名正言順地
從早睡到晚，名義就是它們是「體驗床墊」「體驗沙發」。

宜家所實施的現場體驗方式，其實是透過對人們的感官
刺激，從而改變人們行為過程的方式。鼓勵消費者在賣場進
行全面的親身體驗，消費者就會感覺到產品營造的獨特的生
活方式，進而產生消費的欲望。

## 日本牧場的稀有動物行銷

日本牧場的體驗行銷運用可謂獨具特色。六甲山牧場位於
日本神戶市灘區，是一家私立牧場。牧場裡居住著一隻會「微
笑」的小羊，這隻會微笑的小羊吸引了眾多遊客慕名而來。

　　都說動物不像人類有豐富的表情，只能透過別的方式表達牠們的喜怒哀樂，如狗高興的時候就會拚命地擺動尾巴。然而，並非所有動物都「不苟言笑」。六甲山牧場這隻 10 個月大的雌性小羊，在咀嚼青草時表情看起來像在微笑。如果有人告訴你「公雞會下蛋」，你多半不會相信並認為是玩笑；當有人告訴你「小羊會微笑」時，你會迫不及待地想去看看。

　　「物以稀為貴」，總是能引起遊人「一睹為快」的好奇心。這家牧場很好地利用了稀有物體驗行銷，在為牧場帶來大量客流的同時也獲得了豐厚的收益。而「微笑」小羊也成為牧場的招牌。這是很值得經營者們思考和借鑑的地方。

## 值得行銷人員思考的選項

　　值得強調的是，各種體驗式行銷之間並非互相排斥、互不包容。體驗行銷的最終目標，不是單純構築某一類型的體驗，而是為顧客創造一種整體體驗。企業應將各種體驗領域恰如其分地組合在一起，模糊它們之間的界限，這樣才會創造出更真實、更具感染力的體驗。

　　以下是一些體驗行銷的類型。

（1）感官體驗行銷。感官體驗行銷的訴求是創造知覺體驗的感覺，它包括視覺、聽覺、觸覺、味覺與嗅覺。感官體驗行銷可以打造公司和產品的識別度，激發顧客購買動機和增加產品的附加價值等。

（2）娛樂體驗行銷。娛樂體驗行銷是透過愉悅顧客而有效地達成行銷目標。它的最大特點是摒棄了傳統行銷活動中嚴肅、呆板、凝重的一面，使行銷變得親切、輕鬆和生動起來。

（3）情感體驗行銷。情感體驗行銷就是以顧客內在的情感為訴求，激發和滿足顧客的情感體驗。行銷人員應努力為他們創造正面的情感體驗，避免或去除其負面感受。從這個角度說，行銷人員並不是產品或服務的推銷者，而是美好情感的締造者。

（4）美學體驗行銷。美學體驗行銷是經由知覺刺激，提供給顧客美的愉悅、興奮、享受與滿足。行銷人員可透過選擇利用美的元素，如色彩、音樂、形狀、圖案等，以及美的風格，如時尚、典雅、華麗、簡潔等，再配以美的主題，來迎合顧客的審美需求，誘發顧客的購買興趣，並增加產品的附加價值。

（5）思考體驗行銷。思考體驗行銷訴求的是智力，創造性地讓顧客獲得認知和解決問題的體驗。它運用驚奇、計謀和誘惑，引發顧客產生統一或各異的想法。在高科技產品宣

傳中，思考體驗行銷被廣泛使用。

（6）生活體驗行銷。每個人都有自己認同和嚮往的生活方式。生活體驗行銷就是以顧客所追求的生活方式為訴求，透過將公司的產品或品牌演化成某種生活方式的象徵，而達到吸引顧客、建立起穩定的消費客群的目的。

（7）行動體驗行銷。行動體驗行銷的目標是影響身體的有形體驗、生活形態，並與顧客產生互動。透過偶像角色如影視歌星或著名運動明星來激發顧客的身體體驗，指出做事的替代方法、替代的生活形態，豐富顧客的生活，使其生活形態予以改變，從而實現產品的銷售。

（8）氛圍體驗行銷。氛圍指的是圍繞某一團隊、場所或環境產生的效果或感覺。好的氛圍會像磁石一樣牢牢吸引著顧客，使得顧客頻頻光顧。

氛圍不能從別的企業去照搬，也不可隨意地拼湊，企業只有在具備了良好的素養和豐富的創造力之後，才可期望氛圍行銷行之有效。

（9）關聯體驗行銷。關聯體驗行銷包含感官、情感、思考和行動或行銷的綜合。關聯行銷超越私人感情、人格、個性，加上「個人體驗」，而且與個人對理想自我、他人或文化產生關聯。關聯體驗行銷策略特別適用於化妝品、日常用品、私人交通工具等領域。

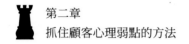
# 利用從眾心理

行銷中有一種奇怪的現象，越是生意好的時候，買的人就越多，越是生意差的時候，生意就會越冷清。如果沒有人買，自己也不買；一見有人排隊，就趕緊加進去，不管東西好不好，趕緊掏錢，生怕錯過了購買的機會。這反映的是消費者的從眾心理。

從眾心理，指個人受到外界人群行為的影響，而在自己的知覺、判斷、認知上表現出符合公眾輿論或多數人的行為方式，通俗地說就是「跟風」。

而實驗表明，只有很少的人能夠保持獨立性，沒有從眾，所以從眾心理是大部分個體普遍具有的心理現象。

顧客的心理是，畢竟大家都在買，品質一定錯不了，即便上當了，也不只我一個人。也就是說，多數人怎麼看、怎麼說、怎麼認為，自己就採取相似的行為。由此可見，個人認知水準的有限性是從眾心理產生的根本原因。

## ■ 利用顧客從眾心理極易促成交易

消費行為是一種個人行為，也是一種社會行為，既受個人購買動機的支配，又受購買環境的制約。顧客把大多數人

的行為作為自己行為的參照，這就意味著，行銷人員準確地掌握顧客的這種心理可以成功地促成銷售。

行銷人員可以利用人們的從眾心理來促成交易。比如，行銷人員可以對顧客說「大家都買了這個東西」或「隔壁和對面的太太都各買了一打」。

事實上，「大家」是否真的都買了，是不可驗證的，也是不重要的。對顧客來說，你只要提「大家」這兩個字，就可以激起他們的消費欲望。

小趙在為一位女士推薦護膚品，顧客說道：「這個牌子的護膚品我以前沒用過，市面上也沒有賣，也不知道效果到底好不好。」小趙說道：「是啊，選擇適合自己皮膚的護膚品的確很重要，正好我們周末有個美容沙龍，大家一起聚聚，聊聊美容護膚方面的話題，相信妳會感興趣的。」

在周末的美容沙龍上，這位女士看到參加聚會的女士們個個都打扮得高雅大方，讓她非常羨慕；聚會中聊到的關於護膚的知識也讓她獲益匪淺。會後，她興奮地問：「她們用的都是這種護膚品嗎？」當女士提出這樣的問題時，小趙抓住機會促成了銷售，這位女士也成了他的一位忠實的顧客。在整個銷售過程中，小趙都準確地掌握了顧客的購買心理。

在第一次介紹產品的時候，由於產品沒有知名度，顧客對於使用產品後的效果是持懷疑態度的。但是在美容沙龍這

樣的環境中,當顧客看到聚會上的其他女士都容光煥發,並且都在使用這個品牌的護膚品時,她的心理也就產生了變化,她相信只有好的產品才會有這麼多人使用,跟著大家的選擇一定不會錯,於是做出了購買的決定。

## ■ 利用從眾心理的兩個要點

(1)環境:人們的消費行為要受環境的影響,在促成階段要盡可能地讓顧客融入某種特定環境,讓特定環境下的氛圍影響顧客的購買決定。環境就是購買行為的催化劑,沒有它,很多顧客往往會觀望等待,最後放棄購買。

(2)時機:促成銷售需要在顧客最心動的時刻抓住機會,打鐵趁熱,否則,離開特定的環境或者受其他人的影響,顧客的心理就可能發生變化。

從眾購買是有個時機效應的,當環境影響達到最大值的時候,顧客購買的欲望就會非常強烈,反之,購買的欲望就淡了。

離開了特定的環境和時機,利用從眾心理促成交易的優勢就不復存在。

環境的因素可以看作人的因素,即要有特定的人群,時機的因素可以看作顧客心理的變化。

## ■ 製造熱銷的氛圍可以帶來驚喜

日本「尿布大王」多川博，曾經利用從眾心理打開了銷售市場。

多川博創業之初，創辦了一家生產銷售雨衣、游泳帽、防雨斗篷、衛生帶、尿布等日用製品的綜合性企業。由於公司泛泛經營，沒有特色，銷量很不穩定，曾一度面臨倒閉的困境。一個偶然的機會，多川博從一份人口普查表中發現，日本每年約有 250 萬個嬰兒出生，如果每個嬰兒用兩條尿布，一年就需要 500 萬條。這個想法，使他決定放棄尿布以外的產品，實行尿布專業化生產。

尿布生產出來了，採用的是新科技、新材料，品質上乘；公司花了大量的精力去宣傳產品，希望引起市場的轟動，但是在試賣之初，基本無人問津，生意十分冷清。多川博萬分焦急，經過冥思苦想，他終於想出了一個好辦法。他請自己的員工假扮成顧客，排成長隊來購買自己的尿布。一時間，公司店面門庭若市，幾排長長的隊伍引起了行人的好奇：「這裡在賣什麼？」「什麼產品這麼暢銷，吸引這麼多人？」

如此，也就營造了一種尿布熱銷的熱鬧氛圍，於是吸引了很多「從眾型」的買主。

隨著產品不斷銷售，人們逐步認可了這種尿布，買尿布的人越來越多。後來，多川博公司生產的尿布還出口他國，在世界各地都開始暢銷。

「大家都買了，我也買」，顧客很容易產生這樣的心理。所以在銷售過程中，行銷人員不妨利用顧客的這種從眾心理來減輕顧客對風險的擔心，從而促成交易。尤其對新顧客，這種方法可以增強顧客的信心。行銷人員在利用從眾心理時，要注意以下幾點，以確保取得良好的效果。

## ■ 行銷人員應該怎麼做

利用從眾心理的建議如圖 2-2 所示。

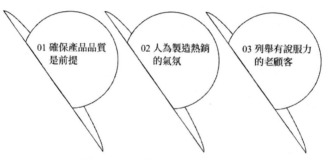

01 確保產品品質是前提

02 人為製造熱銷的氣氛

03 列舉有說服力的老顧客

圖 2-2 利用從眾心理的三點建議

（1）確保產品品質是前提。好的產品品質是利用顧客從眾心理的前提。

多川博的企業能夠充分利用從眾心理使銷路打開的前提是生產的尿布品質好，顧客購買後能真正認可這種產品。銷售最終還是要以品質贏得顧客的，如果顧客購買產品後發現品質不過關，是不會再上第二次當的。

（2）人為製造熱銷的氣氛。消費者購物時一般都會選擇人流多、人氣旺的地方。人為製造熱銷氣氛，把自己的商品炒熱，引起大眾的廣泛關注，具有從眾心理的人就會跟著湊熱鬧，這樣一來，購買的人就會越來越多。

（3）列舉有說服力的老顧客。顧客雖然有從眾心理，但假如行銷人員列舉的成功例子不具有足夠的說服力，顧客也未必會為之動容。所以，行銷人員要盡可能選擇那些顧客熟悉的、比較具有權威性的、對顧客影響較大的老顧客作為列舉對象。

沒有組織的人群像羊群，大部分都跟著隊伍走。人們看到別人購買，就會盲目地認為他們的選擇一定不會錯，所以也對產品產生了信賴感。利用從眾心理製造的事件，品質是第一位的，而且所有案例和事實都不能是虛假的，不能被揭穿，否則就會嚴重影響顧客對行銷人員及公司的印象。

# 占便宜是一種感覺嗎

消費者有一種喜歡占便宜的心理，喜歡商家主動向顧客讓一點利，讓消費者得到一定實惠。顧客感覺占到了便宜，就容易接受產品。商家設計了很多的策略，讓顧客感到占到了便宜，實際上卻根本不是那麼回事。

## ■ 占便宜是一種心理感覺

從顧客心理來講，由於顧客對產品和行情不了解，他們要的不是便宜，而是要感到占了便宜。「便宜」與「占便宜」不一樣。價值 50 元的東西，50 元買回來，那叫便宜；價值 100 元的東西，50 元買回來，那叫占便宜。

貪圖便宜是人們常見的一種心理傾向，我們在日常生活中經常會遇到這樣的現象。例如，某某超市打折了，某某店家促銷了，某某商店出清了，人們只要一聽到這樣的消息，就會爭先恐後地向這些地方聚集，以便買到便宜的東西。

物美價廉永遠是大多數顧客追求的目標，很少聽見有人說「我就是喜歡花多倍的錢買同樣的東西」，人們總是希望用最少的錢買最好的東西。這就是人們占便宜心理的一種生動的表現。其實，真正的物美價廉幾乎是不存在的，物美價廉都是心理感覺。

利用消費者的占便宜心理，可以提高銷售的業績。在當今的商場，各種形式的讓利和促銷確實越來越普遍，如完善產品的功能，贈送小禮物，在討價還價中做出小的讓步等，都可以看作為了讓消費者占到便宜所做出的主動性讓利。

## ■ 額外讓小利，促進銷售增長

占便宜也是一種心理滿足。顧客會因為用便宜很多的價錢購買到同樣的產品而感到開心和愉快。行銷人員其實最應該懂得顧客的這一心理，用價格上的差異來吸引顧客。

有一位在菜市場賣肉的攤主，他的肉攤生意特別好，而且大多數都是回頭客。這個攤主在賣肉的時候有一個習慣，顧客明明說只要一斤肉，而他總是多切了一點點，過秤時超重了，顧客要求切掉多餘的部分，他就對顧客說，算了，多切了只能怪自己的切肉功夫不到位，不要錢，就當白送給顧客了。顧客都很高興。

如果切出來的肉剛好滿足顧客的要求，他就在過秤之後，故意從別的地方再切一小片肉裝入袋中一起遞給顧客，讓顧客免費得到了額外的一小塊肉。就這樣，顧客總覺得自己撿到了什麼大便宜，高高興興地離開肉攤，下次還會再來到這個肉攤買肉。

攤主每次給予顧客的小肉片並不多，但顧客就是感覺美滋滋的，甚至感覺都是自家人了。額外給一點讓利，可以在很大程度上促進銷售增長，這是很多行銷人員經常採用的策略。

## ■ 利用「占便宜」心理，巧設連環計

小玉是一家德系豪華品牌汽車門市銷售冠軍，她是這麼賣車的：顧客看好了一輛價格 200 萬元的車，幾輪討價還價之後，顧客提出，如果價格定在 180 萬元，他就簽單交訂金了。這個價格完全在小玉的權限範圍之內，但是她不會同意，這是為什麼呢？

理由很簡單，如果同意了這個價格，顧客會認為價格還沒有到底，還會提出更低的價格要求；但是不同意，這張單子很可能就此談不成，顧客會起身離店。怎麼辦呢？

小玉先在口頭上承諾說，按照這個價格，即使經理不同意賣，她也貼錢把車賣給顧客了，但是前提是顧客要先給她 5,000 元現金作為保證金，她拿著 5,000 元再去向經理申請。顧客一般都會很配合地給她 5,000 元現金。

但小玉並不是為了申請價格優惠，她只是象徵性地到辦公室去轉一圈，就出來了，出來之前先用雙手搓了搓自己的耳朵，把耳朵弄得紅紅的再去見顧客。「大哥，我被你害慘了，經理一看這個價格，就狠狠地批了我一頓，這輛車 180 萬元批不下來的。」

顧客一聽不高興了：「妳不是說可以申請下來的嗎？怎麼突然就變卦了？」小玉說：「前幾天我休假了，今天才回來上班的，我們車型太多，行情變化快，價格已經調整了，

我把價格和車型搞混了，如果您要 180 萬元成交的話，這款紫色內裝的車不行，180 萬元的是另外一款純黑色內裝的。我帶您去看看另外一款黑色內裝的吧。」

這個時候，大部分顧客是不會去看黑色內裝車子的，一般都會鎖定在紫色內裝車子上。顧客做出這樣的決定恰好是小玉所希望的，因為她已經成功地把價格死死地鎖定在 180 萬元上了，不會再往下壓價了。

單子一下子就談僵了，雙方都遇到了談判壓力。小玉再做一次讓步，說：「這車子您那麼喜歡，都談到這個節骨眼上了，您就再加一點點吧，我再想想法子多送點東西給您，這個價格，公司是沒有送東西的，我自己掏錢買來送給您，就當是感謝您幫我完成了一個銷售任務指標。」

聽小玉這麼一說，顧客再也堅持不住了，鬆口說：「那要加多少？」小玉說：「看經理剛才生氣成那個樣子，估計至少也要 30,000 元以上。」然後又是一番討價還價，最後小玉會做出讓步，顧客也會同意加 20,000 元或 25,000 元不等，直到最後成交。

這麼一番較量下來，小玉幾次三番地使用了滿足顧客貪小便宜的心理和對等讓步心理，使出連環招數，牢牢抓住了顧客。實際的情形是，顧客不但沒有占到便宜，反而多花了不少錢，但就是在心理上認為自己占到了便宜。顧客遇到這樣的行銷人員，怎能不繳械交錢呢？

## ■ 行銷人員應該怎麼做

無論促銷是主動的，還是被迫的，呈現給消費者的是越來越多的實惠。圖 2-3 是利用占便宜心理的幾點建議。

圖 2-3 利用占便宜心理的幾點建議

（1）促銷商品的價格盡量直觀體現，目的是體現出實惠。例如，商品標注「立即節省 ×× 元」比標注「原價 ×× 元，現價 ×× 元」有效得多。「原價 ×× 元，現價 ×× 元」很大程度上會令消費者認為是一個陷阱，而「立即節省 ×× 元」頗有些人文關懷的溫暖，讓消費者感覺少花錢了。

（2）促銷活動盡量體現差異化。附送贈品的策略就可以增強對消費者的吸引力，聯合促銷也是不錯的選擇，兩個或者兩個以上的品牌合作開展促銷活動，透過彼此商品的優勢互補，可以提升各自的品牌和服務。

（3）促銷操作要簡單，避免繁瑣。經常看到有些消費者手持優惠券卻買不到自己喜歡的商品，這種操作模式會使消

費者產生上當的感覺。目前很多大賣場改變策略，無論你買什麼，只要達到費用門檻，就直接降商品價格或返還現金，反而真正促進了銷售。

打折是用讓利單個個體的形式，獲得整體銷量的提升，最後大家皆大歡喜。一場促銷活動的具體效果如何，是由市場說了算的，在活動結束後，要及時收集相關資訊，進行效果分析，以便下次執行活動時得到改正，這樣才有利於提高企業的總體促銷操作水準。

## 面子心理的注意事項

面子在亞洲社會中，代表著體面、人格，甚至尊嚴。「樹活一張皮，人活一張臉」，亞洲人愛面子的特點舉世聞名。雖然在不同的人身上有不同的表現，但不管是哪種方式，只要消費者感覺效果不錯，都會感覺錢花得很值得。

愛面子是指，為了顧及自己的體面和尊嚴，生怕被人看不起，而產生的維護自我形象的行為。愛面子和愛虛榮是類似的消費心理。虛榮就是本身不存在的好的事物，愛慕虛榮，就是喜歡名利和榮耀、錢財。

深受傳統文化薰陶的林語堂認為，「面子觸及了亞洲人

社會心理最微妙奇異之點，是亞洲人強調社會交往的最細膩的標準」；魯迅一生中也曾多次談到面子，說它是「亞洲精神的綱領」。由此可見，這一心理從古到今都是存在的。

## ■ 傷了面子，就失去了交易

一位打扮得十分華麗的女士在高級套裝區停了下來，店員過來招呼她：「小姐，這套服裝既高雅又時尚，穿在妳身上會使妳的氣質更加高貴。」女士點點頭，表示同意。店員見她對這套衣服也很滿意，便又說：「這套服裝品質很好，相對來說，價格也比較便宜，其他的服裝要貴一些，也不見得適合妳，妳覺得怎麼樣？」

店員原本想著，她一定會馬上購買的。但該女士的反應卻出乎店員的預料，聽完店員的話之後，她立刻變了臉色，生氣地對店員說：「什麼叫便宜啊？什麼又是貴一點的不適合我？告訴妳，我有的是錢，真是豈有此理，太瞧不起人了！」儘管店員不住地道歉，該女士還是很生氣地離開了。好好一筆生意，被一句話給搞砸了。

為什麼該女士會突然發那麼大的火呢？該女士比較愛慕虛榮，就怕別人說自己沒錢，看不起自己，對便宜這個字眼比較敏感，而店員的話正好傷害了她的虛榮心，致使此次交易失敗。

## ■ 利用面子，可以提高成交率

亞洲早就形成了一個巨大的「面子消費」市場。據統計，亞洲多國早已是世界上奢侈品消費國前幾名，而且大部分奢侈品的購買者主要不是看中高級品的品質功能，而是看重其身分象徵和炫耀功能，說明亞洲人願意花錢在虛榮和面子上。

在行銷的過程中，如果能抓住消費者的這一心理弱點，會大大提高成交的機率。

一名銷售人員向杜總推薦新款「大千玉石」系列磁磚產品，杜總感覺它的花色自然、大氣、層次感強，特別適合寬敞的房間。銷售人員看出杜總喜歡，就說：「您的房子是在四樓吧，我感覺四樓應該光線不是很好，這種產品鋪地面比較合適。」

杜總說：「花色是不是有點太花了？」銷售人員回應道：「磚是放在板架上的，看起來覺得有點花，但如果鋪在地上就不花了。相反，鋪在面積大的房間裡效果還會更好。」說著，他把幾片磚放在地上，杜總看了一下效果，果然不錯。

杜總：「這磚打幾折呢？」銷售人員：「我們這款磚全場打六折，折後價是 750 元，而且這絕對是最低價了。」杜總不再講話，有點猶豫，顯然認為價格高了。杜總是一個很

愛面子的人，而且礙於面子又不想談價格。

杜總又說，想回去跟老婆商量一下。銷售人員知道，這只是一種對價格的托詞，一旦放走了，單子很可能就沒了。於是他提議：「去接嫂子來看看吧！」杜夫人來到展廳，看了這款磚之後，很喜歡，但也認為太貴。他們一致對花色非常滿意。

銷售人員解釋：「要做出這樣的花紋效果，工藝就要多三次，成本增加了，價格就上去了。不過，多出的這點錢和您的房價以及您想要達到的效果相比，真的有點微不足道了。而且，公司提供免費送貨、補貨，如果您用不完，單片磚我們都退。」最後，杜總說了句：「算了，定了吧。」

這個案例當中，顧客提了兩個問題：產品花色和價格。這兩個問題往往也是終端銷售人員經常遇到且相對棘手的問題。比如花色，花色是顧客一眼就看到的，顧客喜歡與否只和顧客自身的喜好有關，很難受到銷售人員的左右，因此，把一款顧客認為不滿意的花色推薦給顧客，是一件不容易的事。

顧客感覺價格「貴了」，行銷人員如果不能給予合理的解釋，說服工作就會陷入僵局。這位銷售人員卻成功地解釋了產品的價格，不是產品本身是 750 元，而是產品＋複雜工藝＋送貨＋補貨＋……＝ 750 元，這樣就照顧了顧客的面

子，看起來有點貴，實際上還算便宜的。銷售人員的這次說服工作有效地緊緊抓住了顧客「愛面子」的特徵。

## ■ 行銷人員應該怎麼做

顧客既然希望得到行銷人員的讚美，行銷人員就應該及時讚美他幾句；

既然顧客怕被別人看不起，行銷人員就應該給其足夠的重視。對待好面子的顧客，圖 2-4 是幾點建議。

| 不要推薦便宜的商品 | 適當地讚美和恭維 | 不要和他們爭論 |

圖 2-4 對待好面子的顧客需要注意三點

（1）不要推薦便宜的商品。顧客在購買商品時，往往會追求「物美價廉」，但是並不是每個顧客都喜歡便宜的東西。一些有錢的、愛慕虛榮的顧客，如果你把便宜的商品推銷給他們，就會無意中刺傷他們的虛榮心，使其內心產生被冷落的感覺，而拒絕購買。

（2）適當地讚美和恭維。愛面子的顧客在別人面前擺闊氣、講排場，其目的就是要得到別人的讚美和恭維，對自己產生尊重和重視。這樣，他們的心理需求就會得到滿足，從

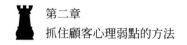
而心情愉悅。如果你誇獎他們有錢，他們就願意在你這裡消費更多。

（3）不要和他們爭論。班傑明‧富蘭克林（Benjamin Franklin）說：「如果你老是抬槓、反駁，也許偶爾能獲勝。但那是空洞的勝利，因為你永遠得不到對方的好感。」一句銷售行話是「占爭論的便宜越多，吃銷售的虧越大」。給足他們面子，即使他們確實錯了。

## 如何藉由反向心理刺激購買

有一類消費者具有比較強的反向心理，你越是推銷你的商品，他越是不買，反而會避而遠之，再也不光顧你的生意了。你不熱情，他不高興，說你怠慢他；你太熱情了，他也不高興，說你只會盯著他的錢包。

反向心理是指個體受到客觀外界物的刺激，在特定條件下產生與主觀願望相反的感覺，從而引起的反向心理運動，也是客觀環境與現實需要不相符合時產生的一種心理運動，是人類較普遍的一種心理現象，具有強烈的主觀色彩。

顧客普遍存在反向心理，伴隨著反向心理的是好奇心理，反向促銷就是這兩種心理作用的效應。正確運用消費者

的反向心理，往往可以在促銷活動中出奇制勝，而且花費不多，使企業在市場上占有一席之地。

## ■ 反向心理的表現形式

消費者的反向心理在具體的消費過程中有以下幾種表現形式。

首先，反駁，故意針對你的說辭提出反對意見。

其次，始終保持緘默，態度也很冷淡，不發表任何意見。

再次，不管你說什麼，都會以一句「我知道」類似的話來應對，意思是說，你不必介紹了。

最後，直接拒絕，如「這件商品不適合我，我不喜歡」，轉身離開。

## ■ 窮追猛打，適得其反

小李和小書分別是兩家 IT 公司的軟體銷售經理，他們正在競爭一家企業的單子。小李採取的方法是單刀直入，在聽到顧客方採購的訊息後，他馬上和顧客連繫，約定了上門拜訪的時間。他想，把自己公司軟體的強大功能、特點一一擺出，顧客就會心服口服地和他簽單。

拜訪顧客的那天早上，小李還特意把產品資料溫習了一遍。

　　來到顧客的會議室，小李先將筆記本電腦、投影機等設備安裝調整好。不一會兒顧客方的總經理、資訊部經理、財務部經理等陸續走進了會議室，小李連忙起身迎接、交換名片。小李簡單地說了幾句開場白之後，開始切入正題，從自己的公司到產品，天花亂墜，口若懸河，把能想到的優勢都講出來了，中間還時不時地貶低競爭對手。小李連續講了兩個多小時，不過效果卻沒有小李想像得那麼好：顧客方的總經理聽了不到半個小時就藉故離開了，其他留下來的人也昏昏欲睡，如坐針氈。最後的結果可想而知，據說顧客方的總經理為此還和資訊部的人發了一頓火，說怎麼找來了一個軟體推銷員來浪費他的時間。

　　小書採用的則是聲東擊西的迂迴策略。小書也先與顧客連繫，約定拜訪和演講的時間，但小書演講的主題卻和小李完全不同。在演講時，小書對自己公司的產品隻字不提，而更多地談及怎樣提升企業的管理水準以及一個快速成長型企業在發展中所面臨的問題等，並且舉了幾個因管理失控而失敗的企業案例進行分析，指出他們在管理方面的漏洞以及怎樣杜絕和解決這些管理難題。

　　小書的演講也進行了兩個多小時。在演講過程中，顧客方的總經理不僅沒有中途離開，而且頻頻點頭，不時與周圍的下屬竊竊私語。演講結束後，他還拉著小書又聊了很長時間。

　　第二天，小書又來到顧客處，原來昨天他已經向顧客的總經理提出免費幫顧客做管理流程方面的市場調查，並且將會提供一個詳細的解決方案。兩周之後，小書完成了市場調查。在整個市場調查過程中，小書對於訂單的事情仍然沒有向顧客提過。而就在小書把沉甸甸的市場調查報告交到顧客總經理手裡的時候，對方也把一份簽了字的合約給了小書。

　　在同顧客接觸的過程中，不要太急於暴露自己的意圖，盡量將對方的注意力轉移到他所感興趣的地方，使對方逐漸對你產生信任感，從而建立起良好的關係。此時對方的心理防線已經逐漸放鬆，成功的機會也就增大了。

　　在實際銷售中，很多行銷人員往往為了盡快簽單而一味窮追猛打，以為透過密集轟炸就可以把顧客搞定，卻不知這樣會令顧客產生反向心理，很有可能會適得其反。顧客有戒備之心，一味強調己方產品如何如何好，就很容易引起反感，失去信任。

## ■ 行銷人員應該怎麼做

　　不妨把思維轉換一下，來個欲擒故縱，在向消費者推銷產品的時候，刺激消費者的反向心理，產生「負負得正」的效果。正確的推薦方式應該是怎樣的呢？如圖 2-5 所示，至少包括三個方面。

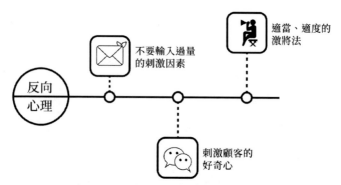

圖 2-5 利用顧客反向心理需要注意三點

（1）不要輸入過量的刺激因素。一個人的心理承受能力是有限度的，如果輸入的刺激因素超過所能接受的限度，就會引起反感、牴觸、排斥的心理。對消費者的反向心理，要掌握好尺度，態度上既不冷也不熱，距離上既不遠也不近，讓他感覺到你在真誠服務就可以了。

（2）刺激顧客的好奇心。反向心理也是引起好奇心的基本因素，越是不想知道的事情越想知道，越是得不到的東西越想得到。行銷人員反其道而行之，不正面宣傳自己的產品，說辭也點到為止，或者乾脆不透露商品的訊息，讓消費者產生好奇心理，促成購買。

（3）適當、適度的激將法。激將法是利用別人的自尊心和反向心理，以刺激的方式激起不服輸的情緒，產生消費的衝動，如「我們的東西很貴，一般人買不起」等，只要對象合適，會收到意想不到的說服效果。

　　利用反向心理進行行銷的方式叫作「反向促銷」，雖然激發了顧客的反向心理，但引起了人們的好奇感，促使顧客的購買欲望大增。利用反向心理要注意，要以不傷害消費者的自尊心為前提，否則就會招致反感，使他們不可能再買你的東西。

# 第三章
## 讓顧客保持購買的衝動

　　消費行為不是一次性買賣，消費者也討厭這樣的商家。貨真價實是首要條件，但從行銷方案的角度，如何實現風光久在，就需要設計一番。商家經常利用消費者的飢餓心理、求新心理、配套心理來進行行銷設計，對應的是飢餓行銷、更新換代產品等。

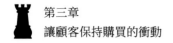
# 真金不怕火煉

　　貨真價實，反映的是顧客的求實心理。求實心理，是指消費者以追求商品的使用價值、商品的內在品質為主導的一種消費傾向，在購買時特別注重商品品質、性能、價格等，核心是講求商品的實用和實惠。

　　實際生活中，有人買東西喜歡貨比三家，就算在第一家看中的物品再喜歡、再滿意，也會抱著「下一家會不會更好」的念頭，多逛幾家。這種行為，看似一種挑剔的行為，卻是一種正常消費心理。

　　比較是為了下一次不比較，往往可以買到物美價廉的商品。認識和了解商品，是每個消費者都應有的權利。不過，如果顧客每次購物都這麼挑剔，就反映了顧客不自信的心理傾向，是一種不好的行為和習慣。

## ■ 不打折不送禮，照樣獲得青睞

　　趙先生認為現在的商家先抬價，後打折，花樣並不新鮮，面對滿街的打折商品，真不知如何下手。買一送一，天上掉禮物，又怕是陷阱。他已經對打折送禮很反感，避之唯

恐不及。更有那些假冒偽劣商品泛濫，上過幾次當，購物就沒了快樂。

一次，趙先生在服裝店看上了一條牛仔褲，標價 860 元。拿到店主面前，他說打折 480 元，並指著旁邊的一條說：「要這一條，300 元你拿走。」趙先生想，也許最先拿旁邊那一條，店主會說是 400 元。反正他想多賺點，理由總是有的，就不必浪費時間，多費口舌了。

他又逛了幾家店，合身的衣服真不好找。大小、長短、顏色、做工，總有一樣不能讓人滿意。走了一圈，再回到原來那家店，趙先生感到實在沒面子。就讓那條褲子天天掛在那裡吧！後來，走到一家八折小店裡，他又看中了一條褲子，就跟年輕的老闆聊了起來。趙先生告訴老闆，消費者看重的是貨真價實，而不是誘人的廣告詞，更不是促銷花樣，建議還是在貨真價實上做文章。老闆接受了趙先生的建議，後來，那裡的生意還真不錯。那次買的褲子，趙先生感覺是最合身的一條。

貨比三家之所以成為很普遍的行為，一是商家的各種打折降價行為令消費者眼花撩亂，難以選擇，二是一些假冒偽劣產品充斥其中，傷害了消費者。趙先生給店主的建議之所以獲得了成功，是因為消費者厭倦了各種虛假的打折行為，乾脆就去買那些明碼標價的，品質可靠，少了被欺騙的可能。

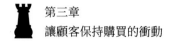
## ■ 行銷人員應該怎麼做

利用顧客的求實心理，需要注意如圖 3-1 所示的幾點。

圖 3-1 利用求實心理的四點建議

（1）推薦顧客真正需要且有價值的商品。充分利用自己的專業知識，全面、詳細地向消費者介紹並推薦自己的商品。不要急於成交，要給消費者適當的挑選、比較的時間。多提商品的實用性、物美價廉等優勢，還可以讓消費者使用一下。

（2）不要隨便詆毀同行。消費者往往會問銷售人員買哪個更合適，遇到這種情況，切勿為了達成銷售的目的而詆毀同行，或胡亂回答。最好切合實際地把雙方的優缺點都說一下，給消費者一個正面的自信、真誠、公正的形象。

（3）說明商品的獨特之處。如果你的產品在實用性上能夠有所注重，堅持」「品質第一，貨真價實」的原則，具有很高的 CP 值，滿足了消費者的心理需求，那麼就能經得住消費者貨比三家的挑剔，最終贏得消費者的肯定。

（4）親自演示刺激消費者的欲望。在演示產品功能的時候，一方面製造活躍的氣氛，另一方面邀請顧客參與體驗，發揮體驗行銷的作用。對於一些需要操作的儀器類產品和較為複雜的產品，這一點尤為重要。

## 三分餓，七分飽

消費者都有一種「飢餓心理」，在心理上對消費需求有一種強烈的期許。如果需求沒有得到滿足，心理就會發生失衡，會進一步刺激消費欲望。就好比吃東西，越是吃不到越想吃，越吊胃口。

「飢餓行銷」是根據消費者的「飢餓心理」發明的，它是一種商品提供者有意調低產量，以期達到控制供需關係、製造供不應求「假象」，以維護產品形象並維持商品較高售價和利潤率的行銷策略。

在日常生活和工作中，我們常常碰到這樣一些現象，買新車要交定金排隊等候，買房要先登記交保證金，甚至買 iPad 還要等候，還常常看到什麼「限量版」「秒殺」等現象。在物質豐富的今天，為什麼還存在大排長龍、供不應求現象呢？並不是所有的現象都是「硬性需求」。

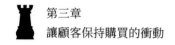
## ■ 餓了，才會吃出幸福

美國著名的經濟學家保羅·薩繆爾遜（Paul Samuelson）有一個「幸福公式」，幸福＝滿足÷欲望。它所揭示的正是飢餓心理法則，為了維持相同量的幸福感，當欲望被放大時，滿足也必須保持同步增加。欲望一旦產生，為了滿足欲望，消費必須接踵而至。

傳說，古代有一位君王，不但吃盡了人間一切的山珍海味，而且從來不知道什麼叫餓。因此，他變得越來越沒有胃口，每天都很鬱悶。

有一天，御廚提議說，有一種天下至為美味的食物，它的名字叫作餓，但無法輕易得到，非付出艱辛的努力不可。君王當即決定，與他的御廚微服出宮，尋此美味。君臣二人跋山涉水找了一整天，於月黑風高之夜，飢寒交迫地來到一處荒郊野嶺。

此刻，御廚不失時機地把事先藏在樹洞之中的一個饅頭呈上：「皇天不負苦心人，終於找到了，這就是叫做『餓』的食物。」已經餓得死去活來的君王大喜過望，二話沒說，當即把這個又硬又冷的饅頭狼吞虎嚥吃了下去，並將其奉為世間第一美味。

這一常識，早已被聰明的商家廣泛運用於商品或服務的推廣上，這種做法在行銷學中更被冠以「飢餓行銷」的美名，倍加推崇。

## ■ 小米限量發售，吊起顧客胃口

飢餓行銷是透過調節供需兩端的量來影響終端的售價，達到加價的目的。定個叫座的驚喜價，把潛在消費者吸引過來，然後限制供貨量，造成供不應求的熱銷假象。飢餓行銷不僅僅是為了調高價格，更是為了令品牌產生高額的附加價值，從而為品牌樹立起高價值的形象。

自小米手機問世，各種搶購風潮便從未停息。小米依靠製造供不應求的假象，吸引消費者的注意，以達到增加銷量的目的。再加上消費者與生俱來的好奇和反向心理，讓小米的行銷效果更加顯著。

不可否認，小米手機在硬體、系統上都有自己獨特的優勢，而價格低廉、高 CP 值更讓消費者趨之若鶩。加之手機發布之前的網路行銷造勢，狠狠地戳中了消費者的興奮點。就是這麼一款激動人心的手機，卻只發售幾萬部，怎麼能讓「米粉」相信沒有祕密？

面對「米粉」的抱怨吐槽，小米果斷自認產能不足，但不承認自己飢餓行銷。有顧客提出，小米的這種飢餓行銷就是要壓低成本，等後期硬體漸漸便宜，再大面積鋪貨。

「顧客就是上帝」，但飢餓行銷卻偏偏反其道而行之，消費者越是對產品感興趣，越是想購買，商家就越吊他們的胃口。一家企業在成熟之後，產品銷量增加，品牌的追隨者增

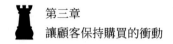

多，如果繼續使用飢餓行銷的方式銷售產品，就很難滿足所有消費者的需求了。

飢餓行銷運作的始末始終貫穿著品牌這個因素。產品必須有強勢的品牌號召力。由於有品牌這個要素，運用得當，可以使得原來就強勢的品牌產生更大的附加價值；運用不當，也會適得其反。

## ■ 行銷人員應該怎麼做

利用飢餓行銷的四點建議，如圖 3-2 所示。

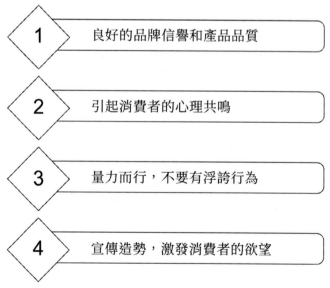

| 1 | 良好的品牌信譽和產品品質 |
| 2 | 引起消費者的心理共鳴 |
| 3 | 量力而行，不要有浮誇行為 |
| 4 | 宣傳造勢，激發消費者的欲望 |

圖 3-2 利用飢餓行銷的四點建議

（1）良好的品牌信譽和產品品質。這是不可替代的優勢，是飢餓行銷運作的根本。美譽度不夠，品質不可靠，生產大同小異的商品，不宜使用這種行銷方式。

（2）引起消費者的心理共鳴。透過不斷研究人們的心理欲望，根據消費者心理需求去製造產品的功能，並根據市場的不同情況去塑造品牌的良好特性，完善產品的品牌形象，制定並實施合適的行銷措施，這樣產品才能得到消費者的認可。

（3）量力而行，不要有浮誇行為。企業必須認清自己產品的特性，根據產品的特性去確定銷售策略。只顧著吊消費者的胃口和考驗其耐性，一旦衝破其心理底線，消費者就會轉到競爭對手那邊。

（4）宣傳造勢，激發消費者的欲望。這是實施飢餓行銷的關鍵，在實施產品的飢餓行銷之前也必須對產品進行宣傳造勢，如在新產品上市之前，電視廣告、網路廣告全面撒網，廣播、雜誌、報紙等傳統媒體重點宣傳。

高吊消費者的胃口，注定會使一些人失去耐心。一旦飢餓行銷玩過了頭，消費者就會轉身離去，這種不信任感會帶給品牌帶來巨大的傷害。所以，飢餓行銷一定要掌握好尺度，適可而止，恰到好處，正如吃飯「三分餓，七分飽」即可。

# 改朝換代，吸引目光

　　求新心理是指人們對新鮮事物總是抱有一種好奇感和新鮮感，並往往會激發出探索和嘗試欲望的一種心理。求新心理是人的一種本性，也是一種社會需要。

　　消費者在進行購物時，毫無疑問地會被新鮮的事物吸引住。但是，新有兩種，第一種是從來沒有的東西出現，這種叫新事物；第二種就是在原有的基礎之上加入創意，變舊為新。毫無疑問，第二種相對第一種更加容易實現，更加節省成本，對於商家而言是更容易在短時間內實現的。所以，在銷售中運用這種方法不失為一種很好的行銷策略。

　　有一家主要生產男士汗衫的針織工廠，一開始經營得不錯。但是隨著人們生活方式的轉變，以及對於衣服款式要求的提高，工廠生產的老式汗衫越來越受到人們的冷落，到後來，只有退休的老人在家中才穿，人們稱其為「老頭衫」。

　　由於市場越來越不景氣，工廠裡汗衫的積壓越來越嚴重，成堆的老頭衫即使進行降價處理也沒有銷路。面對這樣的慘景，廠裡一名年輕的技術人員提出了一個建議：將積壓的白汗衫，在其後背和前胸印上一些美術字樣的字句，如

「天天開心」「朋友，你好嗎」等。做這些小小的改動，也許就能打開市場。

奇蹟往往就是在我們不經意的時候發生的。透過這個小小的改動，汗衫上的字樣正好迎合了年輕人求新的心態，銷售業績出奇地好。這批汗衫被稱為「文創衫」。

第一批文創衫上市後備受年輕人的追捧，緊接著第二批、第三批印有警句的汗衫源源不斷地上市，同樣都獲得了很好的銷售成績。一時間，老頭衫搖身一變成了時髦衫，風靡市場，以至於掀起了穿著文創衫的熱潮。常年積壓的老頭衫銷售一空，救活了這個工廠。

古代有句話說：窮則變，變則通，通則久。在商海這個瞬息萬變的世界中，商家如果了解了消費者的求新心理，並且知道消費者的求新心理是隨著時間發展不斷變化的，就將知道變通，並且將這種變通一直延續下去。只有這樣，才能實現麻雀變鳳凰的蛻變，也許泥土也會變成金。

## ■ 求新還是從眾

在消費心理博弈中，商家要學著替產品更新換代，不斷滿足消費者的求新心理。否則，一不小心，就會變得被動。消費者在選購商品時，總是喜歡追求新功能、新款式、流行時尚的商品。有時候，對商品是否經久耐用、價格是否合理

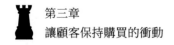
則不太考慮。

　　隨著蘋果手機 iPhone 15 發布，這一話題再次引起人們的關注。某校同學在探討這一問題時，甲、乙兩位同學各自發表了自己的見解。甲同學：「我自己的手機我喜歡就行了，管它是否時尚主流？它有個性、夠反叛、有 feel，我就要它！」乙同學：「我的手機要向廣告、名牌、明星看齊。」

　　「管它是否時尚主流？它有個性、夠反叛、有 feel，我就要它」體現了求新心理。「要向廣告、名牌、明星看齊」體現了從眾心理。做一個理智的消費者，就要量入為出，適度消費，避免盲從，理性消費。

　　求新心理的核心就是追求一種新鮮、新潮的感覺，所以新產品往往比較暢銷。年年變，月月變，周周變，商場中最暢銷的商品都是如此。例如，手機更新換代的速度越來越快，購買和更換手機的人也越來越多。

### ■ 求新，逼著你購買

　　iPhone 15 發布之後，蘋果的新版行動操作系統 iOS 17 也更新了。這個軟體包太大，很多 iPhone 以前的顧客表示根本帶動不起來。想要體驗新的軟體功能，「果粉」需要換新手機了。

　　按照摩爾定律的說法，「電晶體數目每 24 個月增加一倍」。後來 Intel 一位高管為了配合新時期的硬體運算能力，

提出「晶片每 18 個月性能提高一倍，價格減半」的觀點。

iOS 的更新檔從最開始的 600MB，到現在的接近 6GB，功能越來越多。時間越長的手機，更新操作系統後的運行速度也會越來越慢。每代操作系統新增的功能，都默默吃掉了你的資源，最後你不得不乖乖掏錢買最新款的手機，然後滿意地說一句：看，還是新手機好用。

現在，每個月都會有多款旗艦手機亮相，享受 3 個月的眾星捧月，在經歷 6 個月生命週期後，便黯然離開。今天你升級了 iOS 17，明天你就會發現別人的 iPhone 15 流暢得不得了，明年你可能就會發現手機已經開始變得慢吞吞。無論是微軟還是蘋果，都在這個軟體、硬體組成的利益漩渦當中賺取著高額的利潤。

顧客越來越希望電子產品能夠功能多一些、外形酷一些，廠商也花了很大力氣在研發上。於是，每次光鮮亮麗的發布會背後，都是大批的舊設備被丟棄，而消費者也在一次又一次的更新換代當中把錢送給廠商。

## ■ 行銷人員應該怎麼做

市場需求瞬息萬變，競爭又十分激烈，如何加速產品的更新換代，使企業立於不敗之地呢？利用求新心理的幾點建議如圖 3-3 所示。

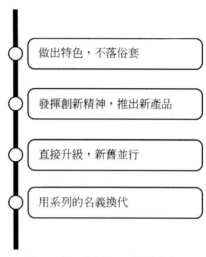

圖 3-3 利用求新心理的幾點建議

（1）做出特色，不落俗套。無論是外觀形狀還是功能設計，一定要新穎別緻，這樣才能吸引消費者的注意，直接刺激他們的購買欲望，進而在極短的時間內實現消費。

（2）發揮創新精神，推出新產品。新的東西往往能夠在人們的心目中達到先入為主的效果，而舊的事物，人們不會給予太多的注意。這就要求行銷者有一種創新的勇氣和追求第一的精神，不斷推出新產品。

（3）直接升級，新舊並行。首先立足於對現有產品的直接升級，借助舊產品的影響力，容易也能夠比較快地被消費者所接受。採用新舊產品短時期內並行的手法，可以節省大量的新品推廣費用。

（4）用系列的名義換代。很多時候，換代的單品從定價上會高於成熟產品，而且單品換單品因為目的性太強，很容易被通路商和消費者所洞察，容易造成消費者從心理上對價格的提防，造成接受的困難。用系列換單品，可以有效地降低通路商和消費者對企業真正目的的洞察，減少牴觸心理，使更新換代的難度降低。

在科技發展和消費者求新心理的雙重影響下，產品必須適時更新，否則就會和科技發展的步伐不相容。與其等到消費者催促你去更新，不如主動引領時代的腳步，應用最先進的科技，滲入更多的時尚元素，給消費者更多的驚喜。

## 相關商品配套銷售

人們在擁有了一件新物品後，為了和這個新物品相匹配，會不斷配置更多的新物品，直到達到心理上的平衡，獲得足夠的心理滿足，這就是配套心理。

配套心理是系統論的延伸，是指事物改變自身適應系統，或改變環境適應自身的一種現象。當整個事物中某一部分發生變化時，其他部分隨之變化，以便與其配套。在現實生活中，配套心理可以帶來好的影響，也可以帶來不好的結果，這取決於參照物的價值。

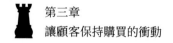
## ■ 搭配心理，也叫狄德羅效應

　　法國人丹尼・狄德羅（Denis Diderot）是西元 18 世紀歐洲啟蒙運動的代表人物之一。有一天，一位朋友送給狄德羅一件質地精良、做工考究、圖案高雅的酒紅色長袍，狄德羅非常喜歡。可是不久之後，他覺得那張自己用了好久的辦公桌破舊不堪，這樣的東西，怎麼能夠跟自己身上這件漂亮的長袍相搭配呢？

　　於是，狄德羅叫來了僕人，命他去市場上買一張與新長袍相搭配的新辦公桌。當辦公桌買來之後，他馬上發現了新的問題：掛在書房牆上的掛毯針腳粗得嚇人，與新的辦公桌不配！狄德羅馬上打發僕人買來了新掛毯。沒過多久，他又發現椅子、雕像、書架、鬧鐘等擺設都顯得與掛上新掛毯後的房間不協調。最後，舊物件全部都更新完了，於是，狄德羅得到了一間煥然一新的書房。

　　1988 年，美國人格蘭特・麥克萊肯（Grant McCracken）認為這個案例具有典型意義，集中揭示了消費品之間的協調統一的文化現象，並借用狄德羅的名義，將這一類現象概括為「狄德羅效應」，即「配套效應」，它反映了人們的一種對和諧的追求。

## ■ 利用配套心理做行銷

商家適時地運用消費者的「配套心理」，把相關的產品搭配起來賣，叫作搭配行銷。準確地說，搭配行銷是透過消費品之間的配套組合，來激發消費者想要保持完整的心理，有所缺失就有所缺憾，從而購買更多的商品。

在消費生活中，物品往往以一個體系出現，而不是以單個的孤立形態出現，我們所需要的物品，並不是單一的，而是一系列物品的組合。例如，高雅的長袍是富貴的象徵，應該與高級的家具、華貴的地毯、豪華的住宅相配套，否則就會使主人感到「很不舒服」。

有時候，搭配行銷也不限於同一系列的產品。利用搭配效應來推銷自己的商品，需要告訴消費者這些商品如何與他們的氣質相配，如何符合他們的地位等等。配套效應的核心並不在於那件新長袍的風格樣式，而在於它所象徵的一種生活方式，後面的一切設計和行為都是為了這種生活方式而存在的。

## ■ 行銷人員應該怎麼做

搭配行銷典型的方法有三種，如圖 3-5 所示。

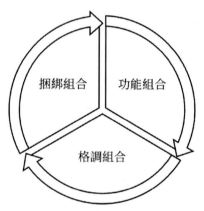

圖 3-5 搭配行銷的三種組合方法

（1）功能組合。用兩種或多種功能各異又相互輔助的商品作為組合，組成一個系列，促使消費者買一件商品就要再買另一件商品。例如，賣桌子時也賣椅子，賣茶壺時也賣茶杯。當物品在消費者的頭腦中組成了一個整體，實現衝動性購買的機率就非常大了。

（2）格調組合。在色彩、風格、質感等方面，商品搭配講求和諧統一。如上衣和褲子在色彩上要相互搭配，家具和地板的風格不能衝突。這種涉及主觀偏好的格調組合，往往會傳遞給消費者一定的心理滿足感，激發其難以抑制的購物衝動。

（3）捆綁組合。也叫捆綁式行銷，指把幾個沒有太大關係的產品連繫起來，進行統一的行銷，利用產品各自的優勢，帶動另外一種或幾種商品的銷售，以達到獲取最大利益的目的。例如，用一款高價商品搭配一款低價商品，制定價格，大多為「買一送一」的形式；旅行社對旅行路線的定價，都是將多個風景點放在一起進行銷售。

在創意發展和創意行銷的時代，發現各種產品和消費者需要之間的某種神祕關聯，並應用於宣傳和行銷之用，發揮的作用不可想像。如果關聯性不大，就不適合進行組合銷售。只要讓消費者感受到產品之間的關聯性，就說明你的搭配行銷已經產生了一定作用。

## 從高到低區分等級

代償心理，是指當一個目標的實現遇到困難，以致無法完成時，人們往往透過實現類似的目標，滿足內心追求的欲望，並獲得心靈上的滿足。代償心理表現在消費中，就是買不到心儀的東西，就買與之類似的東西。

自覺的代償指知道自己的短處和缺陷所在，可以做到揚長避短。盲目的代償並不清楚地了解自己的短處與缺陷，往

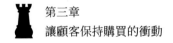

往導致過分代價，結果某些方面畸形發展，破壞了人格的協調統一，反而加劇心理衝突，造成適應困難。可見，代價可以是建設性的，也可以是破壞性的。

## ■ 將產品分為幾個等級

可以設計多個系列的產品，功能和價位從高到低，這樣可以滿足不同消費者的購買需求。一般而言，一款產品可以設計成高階、中階和低階三個層次，中低階對應中產階級，高階產品專供愛好者和收入較高的客群使用。

一個人很想吃拉麵，可是附近又沒有拉麵店，只有一個便利超市，他就會透過吃泡麵來滿足自己吃拉麵的渴望；一個人心心念念地想進一家公司，可是最終沒能成功，他就會轉而進入與他所渴望進入公司相似的公司。透過代償，獲得心理上的滿足。

以珠寶形象展示櫃為例。珠寶形象展示櫃對於珠寶飾品形象的品質呈現有極為重要的作用。根據顧客定位不同，珠寶品質定位不同，珠寶形象展示櫃的設計也分為低階、中階、高階三種設計。

跨國公司在進入一個新的國家的時候，並不是一次將最高級的產品賣給該國消費者，而是先降低幾個等級，將次級的產品引進，等到消費者的消費欲望提升後，再逐級將高級

產品引進，以賺取巨額的利潤，這其實也是顧客代償心理的巧妙應用。

## ■ 進行細緻的勘測分析

從高到低的產品設計也需要以顧客的購買欲望為基礎，需要對顧客欲望的真實性、發展的生命週期及市場的接受程度做相當仔細的勘測分析，以免產生錯誤。當某種商品的價格上升時，消費者就會傾向於購買其他物品來替代該種商品。

除了同種產品，不同產品或相似產品也遵循同樣的規律。例如，同樣是水果的梨子和蘋果，當蘋果貴了，人們往往會傾向於購買梨子來替代蘋果，實現吃水果的目的。我們的主食是米飯或者饅頭，當米價上升時，我們就會傾向於少吃米飯、多吃饅頭，將錢用來購買麵粉。

不管是哪個企業，基本上都有幾款適應不同消費客群的產品，有的甚至達到幾百個。三星每年要開發幾百種新產品，為的是占據不同或者相似消費客群的市場。目前，三星手機在亞洲市場銷售的產品有 300 多種，為不同客群劃分為十幾個產品體系。

顧客的需求不是一成不變的，而是向著高級賣點和更多的附加價值邁進。顧客欲望就是明燈。一是開發產品新的功

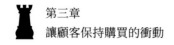
能利益，滿足不斷升級的顧客需求；二是分析現有產品和現有市場的發展趨勢，創造新的需求市場，引導消費潮流。

## ■ 行銷人員應該怎麼做

伴隨著代償心理的是價格上升、需求減少或者價格下降、需求增加的這個規律。除了設計多個系列的產品，還可以透過價格的控制，實現這種效應。圖 3-6 是利用代償心理的建議。

圖 3-6 利用代償心理的三點建議

（1）透過價格控制有計畫地銷售商品。例如，等級和功能非常類似的商品 A 和 B，A 的銷售十分火爆，而 B 就顯得很冷清。為了不使 B 滯銷，商家就可以將 A 的價格調高，這時，同樣性能的商品出現了明顯的價格差異，消費者在代償心理的驅使下就會分流出一部分選擇商品 B。

（2）利用價格調節需求要注意尺度。價格波動不能太小，否則達不到預期目的。也不能太大，否則不僅失去了購買者，還會導致消費者對商品不信任。不是所有商品都有替代品的，如食鹽，即使價格再怎麼上升，人們也還是要買它

而不是找別的商品替代它。利用消費者的代償心理時一定要
注意有可替代的商品。

（3）注意商品擺放的系列性和相似性。像超市一類的消
費場所尤其要如此，這樣不僅使消費者有很大的選擇餘地，
還可以確保同類或類似商品的銷售，最終使你獲利。例如，
去買香菸，要買的那個牌子的香菸賣光了，消費者就會選擇
類似的牌子替代。

從高到低的產品設計，是滿足顧客代償心理的主要方
法。買不了馬就先騎驢，但顧客多是抱著買馬的心態去的，
即使沒有買，心裡也總是惦記著。當有機會可以不用代償的
時候，他仍然會果斷地買馬。這樣既創造了市場，又滿足了
消費者的心理需求，何樂而不為呢。

# 第四章
## 正確引導顧客進行交易的方法

交易的時候，如何引導消費者是一門學問。消費者很多時候都是盲目的，是不夠專業的。行銷人員可以充分利用這一優勢，激發消費者的興趣，抓住消費者購買關注的問題，詮釋產品的特性，打消他們的疑慮，從而促成交易。

# 用好奇心吊胃口

好奇心是消費者希望得到新的消費體驗，而對未知產品的一種購買衝動，它是所有購買動機中最有力的一種。吊起消費者的胃口是引導消費者進行有效消費的最佳途徑之一。好奇心是人類最原始的一種探索行動，從出生時它就存在。

行銷人員可以利用人的好奇心，透過設置懸念，引起消費者的注意，吊起消費者的胃口，打開銷路、銷售產品。「到底怎麼回事」「為什麼會這樣」等，消費者一旦產生這樣的問題，如果得不到解決，就會感到不安；解決了這些問題，則會獲得一種安定的情緒。

牛頓為什麼能夠從蘋果落地發現萬有引力定律？是他那份對科學的好奇心。心理學家和教育家要對人的差異有足夠的好奇心，文學家要對人的內心的隱祕有足夠的好奇心，經濟學家要對消費現象有足夠的好奇心。足夠的敏感、好奇心和追根究底恰恰是事物發展的關鍵性動力。

## ■ 利用好奇心打開銷路

路易士是美國人，他年輕時，每天推著車在芝加哥住宅區叫賣水果，勉強賺夠一家七口的生活之需。一般人有這樣

的習慣，看到別人圍在一起，就會走過去瞧瞧，這都是好奇心的緣故，路易士卻因此獲得了命運的垂青。

有一天，路易士出去採購貨物，偶然在一家書店門前經過，看見了那裡的廣告牌，牌子上用鮮明的顏色寫著：「每月新書，今天發售。」他被這個廣告牌吸引住了，便走進書店看看行情。

他看見很多人爭著翻閱這本新書，有些人就把書買了下來。他問售書人員：「這本書今天銷了多少？」回答是 200 本。因為顧客大都愛好新奇，所以新出版的書往往暢銷，除非書的內容實在非常差勁。

路易士從這件事上悟出了一個新道理：東西必須新奇才會暢銷，要想個辦法滿足顧客愛好新奇的心理。他來到水果批發公司，看到一個不太引人注目的角落裡堆放著 20 多箱澳洲青蘋果。美國人平時很少吃青蘋果，所以它們就無人問津。路易士靈機一動，以低價把那 20 多箱青蘋果全部買下，準備玩一次冒險。回到家裡，他把那些青蘋果全部洗得非常光亮，然後用白色軟紙包好，再用鮮明的顏色寫了幾個很大的廣告牌：「竭誠推薦本月最佳水果 —— 澳洲青蘋果。」

他的宣傳果然奏效，懷著好奇心的人們都來嘗試這種青蘋果到底是不是最佳，紛紛來購買，他很快便賣出了好幾箱。不到兩天，路易士居然把 20 多箱青蘋果全部賣完。他最

後竟然就是用這個簡單的辦法賣出了 600 箱青蘋果，售價還比其他蘋果貴了許多。

　　路易士之所以能把青蘋果這麼順利地賣出去，利用的就是消費者的好奇心。從中可以獲得啟示：一旦某個品牌讓消費者產生了真正的好奇心，那麼，消費者購買該品牌產品的可能性將大大增加。一個真正有新意的品牌，要與消費者與日俱增的好奇心建立起連繫，實現銷售額的增長，並為品牌發展創造機會。

## ■ 行銷人員應該怎麼做

　　利用消費者的好奇心，是一種很好的激起消費者購買欲的方法。通常，行銷人員喚起消費者好奇心的辦法有以下幾種，如圖 4-1 所示。

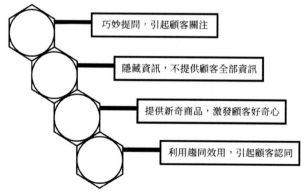

巧妙提問，引起顧客關注

隱藏資訊，不提供顧客全部資訊

提供新奇商品，激發顧客好奇心

利用趨同效用，引起顧客認同

圖 4-1 喚起顧客好奇心的幾種方法

（1）巧妙提問，引起顧客關注。消費者有一種習慣，對問題會不自覺地關注。當你提一些刺激性的問題時，消費者的注意力就會被拉到你身上來。不過，不論提出什麼問題，都應該與銷售活動有關，這樣消費者不易分心，更容易引起關注。

（2）隱藏資訊，不提供顧客全部資訊。行銷人員面對消費者的時候，也可以不要把產品的所有資訊都透露給消費者。只有部分資訊在消費者面前顯現，他們就有獲得更多資訊的欲望。

（3）提供新奇商品，激發顧客好奇心。人們總對新奇的東西感到興奮、有趣，都想「先睹為快」。更重要的是，人們不想被排除在外，所以行銷人員可以利用這一點吸引顧客的好奇心。

（4）利用趨同效用，引起顧客認同。在拜訪顧客時，如果其他所有人都有著共同的趨勢，顧客必然也會加入進來，而且通常想知道更多訊息。比如，行銷人員說：「坦白地講，趙小姐，我已經為你的許多同行解決了一個非常重要的問題。」這句話足以讓趙小姐感到好奇。

如果顧客對你的產品產生好奇，你就離成功不遠了。如果你能激起顧客的好奇心，你就有機會創建信用，建立顧客關係，提供解決方案，進而獲得顧客的購買機會。

# 如何扮演好領路人的角色

　　惰性心理，是指消費者在購物的時候，一旦需要耗費比平時多一些的時間和精力，便會捨棄它，而選擇相對簡單的處理方式。惰性心理使消費者容易跟著別人的思維走，特別在較為輕鬆和相對疲憊的時刻，別人的話更能打動自己。

　　所謂惰性，是指因主觀上的原因而無法按照既定目標行動的一種心理狀態，它是人的本性之一，是不想改變老做法、老方式的傾向。當一個人有惰性心理時，做事就會遲遲不行動，一拖再拖。

　　據說人的懶惰是天性中的一種，也就是說，人在做某些事的時候，能輕鬆則輕鬆，能簡單則簡單，絕對不會去追求繁文縟節。消費者一旦發現購物比較繁瑣，或者決定比較難，就可能打消購物的念頭，哪怕是非常需要的商品。

　　惰性心理帶給行銷人員的啟示是，要學會引導消費者的思維，這樣才能引導消費者一步一步地走向自己想要的結果。實際上，很多消費者都是盲目的，只要引導得當，很多情況下，是可以成交的。

## ■ 引導消費者的思維

　　有甲、乙兩家賣粥的小店。表面上看，兩家的生意一樣好。然而一天下來算帳的時候，乙店總是比甲店多收入幾百元。為什麼會這樣呢？原來差別只在於服務小姐的一句話。當客人走進甲店時，服務小姐熱情招待，盛好粥後會問客人：「加不加雞蛋？」有的客人說加，有的客人說不加，大概各占一半。而當客人走進乙店時，服務小姐同樣微笑著熱情服務，盛好粥後會問：「您是加一個雞蛋，還是加兩個雞蛋？」愛吃雞蛋的客人就要求加兩個，不愛吃的就要求加一個，很少有不加的。一天下來，乙店就會比甲店多賣出很多個雞蛋，營業收入和利潤自然就要多一些。

　　在甲店中，讓你選擇「加還是不加雞蛋」，在乙店中，是「加一個還是加兩個」的問題，訊息的不同，使你做出的決策就不同。這就是乙店人員的行銷策略，用話語來引導顧客的思維，這樣無形之中就為自己多賺了很多錢。

　　小小的賣粥生意，就有這麼多的技巧，足以讓人感嘆。其實，見微知著，無論是跨國巨頭，還是街頭巷尾的小本買賣，其本質原理都是一樣的，就看你能否在細節上做出大文章來。

　　那麼究竟怎麼引導消費者的思維呢？

## ■ 讓消費者多點頭

在交易中，如果能引導消費者多說「是」等肯定性的話語，多了之後，消費者就很難說「不」了。在人與人的交流中，肯定性的語言可以增進彼此的親密度，而否定性的語言則會使彼此的關係變得疏遠。行銷人員和消費者的溝通，同樣遵從這樣的規律。

下面是回應消費者「產品太貴」的問答例子。

顧客：「你們的報價有點高。」

業務員：「我了解您的感受，在您對我們的產品不是很了解的情況下，一定會這麼認為的！您是不是說目前企業沒有那麼多的預算來購買這套產品？」

顧客：「是的。」

業務員：「其實您知道這套產品對您的企業還是有很大的幫助的，只是因為您感覺太貴才不想購買，是嗎？」（背後有購買的意思。）

顧客：「是的。」

業務員：「那麼除了這個問題，您還有其他的問題嗎？」

顧客：「沒有了。」（如果顧客說還有其他問題，那就再回到上一句，繼續讓顧客闡述他的問題。一般來講，顧客的問題不會超過五個。）

業務員：「那麼，如果我能夠幫助您解決現在困惑的問題，您是否就會購買這套產品呢？」

顧客：「是的。」

業務員：「那您聽聽我的建議，好嗎？一家管理完善的公司，需要仔細編制預算，預算是幫助公司達成目標的重要工具，但工具本身是需要彈性的，是嗎？今天我們的產品能夠帶給貴公司長期的利潤和競爭力，身為企業決策者，您會讓預算來主控您還是您來主控預算呢……」

以上就是一個非常標準的銷售流程，業務員一直在引導顧客的思路走。這位業務員之所以問這麼多的問題，就是促使顧客在說了多個「是」之後，形成一種慣性思維。業務員利用慣性思維，並成功地打破了它，所以消費者很難說不，最終達成了交易。

## ▓ 讓消費者「二選一」

如果有太多的選擇，消費者往往無從下手。消費者在三個或更多的選擇面前會變得遲疑，所以行銷人員向顧客提供兩種建議為最佳，即所謂的「二選一」。此種策略，既給了消費者選擇的權力，又縮小了選擇的範圍，最大化地降低顧客購買商品時的猶豫心理。

「二選一」，包括兩個因素：一是仍將顧客視為業已接受

你的商品或服務來行動；二是用「肯定回答質詢法」來向顧客提出問題。具體方法是，在問題中提出兩種選擇（如規格大小、顏色、數量、送貨日期、收款方法等），由顧客任意選擇。

那麼，行銷人員應該怎樣利用二選一策略來應對顧客的推託，並始終將主動權掌握在自己手中呢？

如果顧客說：「我喜歡比較休閒一點的……」那麼，行銷人員可以說：

「先生，那您來看一下這邊的兩款，這兩款都是休閒的，只不過一種是長款，一種是短款。長款顯得您有氣質，短款使您看起來更加精神，您看您選擇哪一款呢？」

如果顧客推託的理由是：「我還要和我老公商量一下，他今天有事沒過來，我先來看一下，回去再和他商量。」你可以說：「我完全理解您的想法，和老公一起商量一下會更加穩妥。那您看，明天下午還是後天下午，我們約個時間跟您老公一起談談？」

有經驗的行銷人員非常善於利用這個策略來引導顧客購買商品，而且屢試不爽。他們往往會問顧客：「是給您包一件還是包兩件呢？兩件剛好是一個月的用量。」被這樣詢問的時候，絕大多數顧客都會脫口而出：「那就兩件吧。」

人們具有一種跟隨最後選擇的習性，當你想讓他人跟隨

你的意願進行選擇的時候，不妨給顧客一個兩者擇其一的提問，將希望對方選擇的那項放在後面說。拋給顧客一個二選一的問題，往往能夠讓你在銷售中握有絕對的主控權。

不管顧客以什麼樣的理由來推託，你都可以採用「二選一」的方法來主導銷售過程。即使顧客推託的痕跡很明顯，你也不要因此而表露出不悅，甚至反駁他；相反，無論顧客說什麼，你都要贊同他，只有贊同他，你才有機會說下面的話，才有機會運用「二選一」策略。

## 別讓消費者挑到眼睛都花了

美國心理學家貝瑞・施瓦茨（Barry Schwartz）在《選擇的悖論》（*The Paradox of Choice: Why More Is Less*）中指出，過多的選擇會給消費者帶來焦慮。面對豐富的選擇而感到「手握大權」，消費者反而會產生無力感，因為在下決定前，他們需要費盡心力研究所有的選擇。

人是一個處理訊息的系統，訊息過少，不敷使用；而訊息過多，同樣有害。多種選擇判斷，需要個體運用大量的知識與訊息儲備，以及相應的加工能力。在不能及時形成滿意結果的情況下，個體必然會感到焦慮和鬱悶。

　　心理學家認為，選擇方案過多，會攪得人心神不寧，使消費者無從選擇，最後多方案變成了無方案，什麼也確定不下來，也就是俗話說的「挑花眼了」。因此，行銷人員一定要避免人為給消費者製造「選擇障礙」，不要給消費者提供太多的選擇。

## ■ 選擇過多不利於購買決策

　　選擇過多隱含著機會成本提高的風險，當不知道怎麼選的時候，消費者可能就會放棄選擇。給消費者太多選擇會把他們搞暈，但是如果給出的選擇空間不夠大，可能消費者又會感到被騙了。商家應該盡力為消費者推薦最精準、最契合的產品，同時又要提供足夠的選擇權。

　　兩個果醬攤，一個有 6 種口味的果醬，一個有 24 種。結果表明，24 種口味的果醬攤吸引了更多顧客，但銷售額卻遠低於 6 種口味的果醬攤。當寶僑把貨架上擺放的海倫仙度絲產品類別減少 5 個後，該品牌銷售額就提高了 10%。減少選擇的範圍可以增加銷量，同時提高產品銷售的轉化率。

　　國外曾有過統計，當只有 10 個品種的巧克力時，人們相對比較容易做出決定；而有 15 種巧克力時，人們比較猶豫。再以手機為例，每種型號的產品提供 3 種選擇已完全足夠了，而任何產品提供 7 種以上的選擇，都會產生反效果。如

果行銷人員為顧客提供過多的選擇，不僅不能增加低階顧客的快樂，還會降低他們購買高端產品的滿意度。

美國人每天平均要面臨 70 個選擇，從一些最簡單的，如穿什麼衣服、喝什麼咖啡、吃什麼晚飯，到一些艱難複雜的決定，如是否接受一份新工作。我們經常要面臨很多的選擇，當一個接一個的決定疊加起來時，焦慮和不安就會明顯增強。

假設你需要一雙跑鞋，你會上網搜「最適合馬拉松的跑鞋」，結果會有 110 萬條結果，但都和你的預期不符。當你點開連結，這些鞋子要麼尺碼不合適，要麼超出了你的預算，還有的和你的運動服不搭。你可能的決定是找不到合適的就先不買，感覺整體購買的體驗非常糟糕。

假設是最精準的搜索，搜索引擎根據一個人的購買歷史和所穿衣服的各種參數，搜索出顏色、尺碼、外觀和價格最完美（或者幾乎完美）的一雙跑鞋。這時你很可能會動心買下這雙鞋，商家得利，你也很滿意。

擔心錯過的心理與無限的選項疊加在一起，讓人感覺有無數的東西會被錯過。解決方法就是篩選出最適合消費者的幾種產品，然後一齊呈現給消費者，滿足他們多樣性的需求。這中間的平衡很難掌握，需要商家透過嚴格的測試找到合適的方案。

## ■ 行銷人員應該怎麼做

圖 4-2 是減少顧客選擇障礙的幾個建議。

**1** ・逐步挖掘顧客真實的想法

**2** ・大額購買需要差別對待

**3** ・在搜索結果中給出三種選擇

**4** ・社交分享也是一個選擇的過程

圖 4-2 減少顧客選擇障礙的幾個建議

（1）逐步挖掘顧客真實的想法。從一些小的、簡單的消費開始，逐漸延伸到更大的、更具挑戰性的決定。比如，挑選夾克時，先讓顧客選擇顏色，然後再選擇尺碼和材質。消費者的真實想法經過確定之後，他們就會認同，從而做出購買的決定。

（2）大額購買需要差別對待。購買昂貴商品時，消費者面對多種選擇，就會增加焦慮。所以行銷人員可以先展示價位中等的商品，不要最貴的，也不要最便宜的，然後根據消費者的情況選擇提高或降低等級。

（3）在搜索結果中給出三種選擇。在搜索中，消費者不想看到一頁又一頁「適合」自己的產品。在推薦商品是多項選擇時，三個是比較適中的數量。一般三個中會有一個最合適的，而另外兩個是不大合適的。

（4）社交分享也是一個選擇的過程。鼓勵顧客分享對於品牌行銷非常重要，但分享按鈕設置不當可能會讓顧客陷入新的選擇困難。所以，不要把各種網站的分享連結都放上，給出 2 到 3 個最常用的分享按鈕會有較好的效果。

## 消除疑慮，讓交易更容易

心理研究發現，人們總是對未知的事物產生自然的疑慮和不安，擔心訊息不實，或存在安全問題，這是疑慮心理的典型表現。如果不能有效地消除消費者的疑慮心理，交易就很難成功。

疑慮心理是一種瞻前顧後的購物心理動機，其核心是怕「上當吃虧」。在購物的過程中，顧客對商品的品質、性能、功效持懷疑態度，怕不好用，怕上當受騙。因此，他們反覆向行銷人員詢問，仔細地檢查商品，並非常關心售後服務工作，直到心中的疑慮解除後才肯掏錢購買。

總有一些消費者，他們對你的商品不信任，還認為你的話可聽可不聽，商品可買可不買。有人懷疑商品的品質不好，有人質疑你的服務不好，有人抱著反向的心理與你爭辯。

## ■ 消除了疑慮，才能達成交易

在決定購買的一瞬間，消費者卻信心動搖、後悔，是常見的事。這樣的消費者很令人頭痛，商家一定要打破這種被動的局面，善於化解消費者的疑慮，給消費者一種安全感，使他們放心地進行消費。迅速有效地消除消費者的疑慮心理，已經成為行銷人員最重要的能力之一。

一位先生到店裡購買相機，這位顧客轉來轉去，看中了一款單眼相機。售貨員小劉熱情地接待了他，並最終成功拿下了訂單。顧客說：「你們這款相機賣得太貴了吧？」小劉說：「先生，您的眼光真好。這款相機是某品牌在我們店獨家代理的。和別的品牌同類型的相機相比是貴了點，但是它性能絕對要比別的品牌好得多。」

顧客又說：「你們這個相機是不是太複雜了？用起來不太方便。」小劉說：「對，好多顧客在購買之前都這麼說，高階的單眼相機操作起來比較複雜，但只要掌握了使用方法，用起來就可以方便地實現許多功能。而且這款相機的拍

照效果很好，用過的顧客都很認可。」

這位行銷人員在整個對話過程中，不斷地針對顧客提出的「價格高」「操作難度大」等疑問進行解答。這個解答的過程實際上就是不斷消除顧客購買障礙，說服顧客購買的過程。所以行銷人員在推銷過程中要牢記這一原則，即消除顧客的疑慮就是消除顧客的購買障礙。

### ■ 面對不同的疑問，如何應對

圖 4-3 是幾種顧客出現疑問時經常說的話。

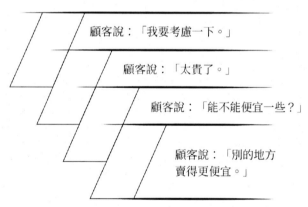

顧客說：「我要考慮一下。」

顧客說：「太貴了。」

顧客說：「能不能便宜一些？」

顧客說：「別的地方賣得更便宜。」

圖 4-3 顧客出現疑問時經常說的四句話

（1）顧客說：「我要考慮一下。」顧客對產品感興趣，但可能還沒有聽清楚你的介紹，或者有難言之隱，不敢決策。可以用兩種回答方式。第一，詢問清楚原因，如：「先

生，我剛才到底哪裡沒有解釋清楚，所以您說要考慮一下？」
第二，假設馬上成交，顧客可以得到什麼好處（或快樂）；
如果不馬上成交，有可能會失去一些到手的利益。

（2）顧客說：「太貴了。」這是很多顧客拒絕購買時說
的話。可以用三種回答方式。第一，可以與同類產品進行比
較或與同價值的其他物品進行比較。第二，可以將產品的幾
個組成部件拆開，一部分一部分來解說，由於每部分都不
貴，合起來就更加便宜了。第三，可以將產品價格分攤到每
月、每週、每天，這種方法對一些高級服裝的銷售最有效。

（3）顧客說：「能不能便宜一些？」可以用三種回答方
式。第一，交易就是一種投資，有得必有失。不能單純以價
格來確定購買決策，光看價格，會忽略品質、服務、產品附
加價值等，這對於購買者本身來說非常遺憾。第二，可以這
樣強調：「這個價位是產品目前在全國最低的價位，已經到
底了，您要想再低一些，我們實在辦不到。」第三，告訴顧
客，不要心存僥倖心理，一分錢一分貨，在這個世界上很少
有機會花很少的錢買到高品質的產品，這是一個真理。

（4）顧客說：「別的地方賣得更便宜。」顧客在做購買
決策的時候，通常會關注三件事：第一是產品的品質，第二
是產品的價格，第三是產品的售後服務。可以對這三個方面
輪流進行分析，打消顧客心中的顧慮與疑問。你可以不說自

己的優勢，轉向客觀公正地說別的地方的弱勢，並反覆不停地說，摧毀顧客的心理防線。同時，提醒顧客現在假貨泛濫，不要貪圖便宜而得不償失。

### ■ 行銷人員應該怎麼做

如果行銷人員能給這種疑慮型顧客一顆定心丸，那麼一切都會變得簡單起來。幫助疑慮型顧客消除疑慮，會給你帶來更多的銷售額。你可以採用如圖 4-4 所示的策略來消除他們的疑慮。

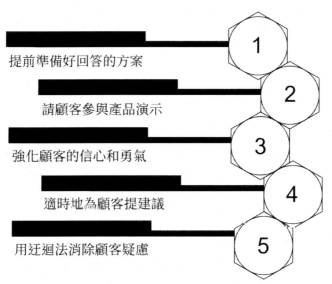

提前準備好回答的方案　1

請顧客參與產品演示　2

強化顧客的信心和勇氣　3

適時地為顧客提建議　4

用迂迴法消除顧客疑慮　5

圖 4-4 消除顧客疑慮的五種策略

（1）提前準備好回答的方案。行銷人員提前收集一些顧客疑慮，如產品或服務上存在的缺陷、交付能力等，為每種疑慮都準備一套切實可行的回答方案。對於產品品質的疑慮，可以提供包換保固服務，也可以使用試用制度；對於大額商品，行銷人員可以提供分期付款，也可以實行店家貸款、顧客分期付款等。

（2）請顧客參與產品演示。不要刻意掩飾產品的缺陷，更不要和顧客爭論。如果顧客的疑慮是事實，不妨直說：「我也聽別人這麼說過。」接著，可以請顧客自己鑑別產品的好壞，幫助其對產品進行比較，從而消除他們的疑慮。如果行銷人員能夠清楚地了解競爭者的產品，能夠解釋清楚彼此產品的特點、益處等，對消除顧客的疑慮有非常大的作用。

（3）強化顧客的信心和勇氣。在決定是否購買時，顧客信心動搖、開始後悔都是常見的現象。行銷人員必須強化他們的信心和勇氣，只有這樣才能消除他們的疑慮。專業行銷人員的沉穩和自然展現的自信，都可以重建顧客的信心。消除顧客疑慮的最佳武器就是恢復他們的自信。你必須知道自己掌握了所有方面的狀況，也一定要讓顧客知道這一點。

（4）適時地為顧客提建議。顧客通常會提出問題，若行銷人員不知如何回應，就會錯失良機。可以採用提建議給顧客的方法來消除顧客的疑慮。當然，如果你提供了不好的建

議，也就失去了成功銷售的機會。你應該提出保證，肯定顧客購買產品是當下最明智的選擇。

（5）用迂迴法消除顧客疑慮。直接針對顧客的疑慮去說，可能會引起懷疑，越說越僵。行銷人員應微笑著將對方的疑慮暫時擱置起來，轉換成其他話題，以分散顧客的注意力，瓦解顧客內心所築起的「心理長城」。等到交易時機成熟了，再言歸正傳，督促顧客購買，這時往往會出現「柳暗花明又一村」的新轉機。

銷售是一種只承認結果的活動，銷售的目的就是要成交。如果沒有成交，再好的銷售過程也只能是白費功夫。面對心存疑慮的消費者，如果你是一位非常有經驗的人，那麼訂單照樣會被拿下，但如果你沒有充分的準備，顧客可能會帶著小心謹慎、疑慮重重的心理選擇離開。


# 拒絕不一定是真的不需要

心理學家認為，消費者在沒有足夠的理由說服自己購買的時候，就會選擇否定。消費者拒絕，並不代表他真的不需要。據統計，大概 60% 的消費者拒絕的理由，並不是拒絕消

費的真正理由。所以，了解消費者不購買的真實意圖，是幫助他們下決定的關鍵。

掩蓋心理是不說出自己的真實需求和想法，而用其他一些原因來代替。如果你順著他們的說辭來繼續交流，就會引起他們的反感，直至走掉。你需要給出一個吸引他們的條件，來吸引他們的注意。

在銷售中，許多消費者為了掩蓋拒絕的真實原因，會用一些虛假訊息作為托詞。遺憾的是，很多行銷人員不能挖掘出消費者拒絕的真正理由，也就不能在消費者反對意見剛剛萌生的時候把消費者的顧慮打消，時間一拖，消費者就真的放棄購買了。

小梁是某白酒經銷商麾下的業務員，為了把酒品盡快地銷售給張經理，小梁開始向張經理介紹自己的產品。小梁說：「這個產品的包材是國內一家知名的設計公司設計的，消費者一定會喜歡的。」張經理回答：「這款產品的包材是很漂亮。」

小梁繼續說：「銷售我們這款產品，可以賺到 40% 的利潤，另外，我們還有 10% 的促銷支持。」「聽起來，銷售你們的產品應該能賺不少錢。」聽到張經理這麼說，小梁感覺時機成熟了，就說：「您可以先進一批貨銷售一下試試，這麼好的產品加上這麼大的利潤空間，你銷售我們的產品一定

能賺很多錢。」「實在對不起，我們目前沒有考慮新產品進店銷售，等過段時間，我再通知你。」

小梁遭到了張經理果斷的拒絕，他不明白顧客為什麼會拒絕自己，或者說顧客為什麼拒絕這麼好的產品。小紀是小梁的同事，面對同樣的顧客，在小梁遭到顧客的拒絕後，小紀卻贏得了顧客的信任，並成功拿下了訂單。

小紀問道：「您平時選擇什麼樣的白酒產品進店銷售呢？」張經理說：「我們選擇白酒產品，首先考慮的是產品的品質，另外是產品的利潤空間、售後服務、包裝和瓶型。」「您所說的產品品質是指什麼？」

張經理說：「產品品質要達到國家標準，口感和度數要符合我們當地消費者的消費習慣。上次我進了一款產品，包材確實很漂亮，但是消費者反應喝了以後頭痛，還有的消費者說是假酒，現場就要求賠償。」

小紀明白了原因之後，考慮了一下，說道：「如果能滿足您的品質要求，而且給您合理的利潤空間，並且保證每周拜訪一次，為您做好售後服務，您會選擇銷售我們的產品嗎？」「自從上次出現品質問題後，所有我們店裡銷售的產品，都要經過我們公司的李經理和王經理品鑑以後，才能確定是否銷售該產品。」

於是小紀提議，邀請李經理和王經理先到飯店品鑑一下產品，順便每個人贈送一箱酒。透過王經理和李經理的品鑑後，小紀最終使得產品成功進店。

小紀比小梁做得好，小梁只是想把產品盡快地銷售出去，從開始到結束都一直在與顧客單純陳述自己產品的特徵，結果根本無法打動顧客。而小紀透過向顧客有效地提問，問到了顧客關心的問題，然後圍繞著顧客的需求來陳述自己產品的特徵和提供解決方案，最終導致銷售成功。

透過這個例子可以看到，很多購買不能成功達成，是由於行銷人員沒有弄明白顧客真正的需求和關注的東西是什麼，說得頭頭是道，但是不入顧客的法眼。在這種情況下，顧客大多數會選擇拒絕你，卻會和其他人成交。在這個例子中，怎樣和顧客交流，怎麼向顧客提出問題，成為溝通是否持續、買賣是否達成的關鍵。

## ■ 挖掘需求，「提問＋傾聽」

行銷人員挖掘顧客的需求必須要透過「提問＋傾聽」。顧客只會關心他們的需求，而確定他們需求的唯一方式就是「提問＋傾聽」。做到有效地提問，行銷人員必須要遵循以下原則，如圖 4-5 所示。

圖 4-5 有效提問的幾個原則

（1）面對顧客，隨機應變。行銷人員的反應一定要快，這需要一定的經驗和累積。例如，談話內容在銷售的知識體系中；顧客需求是最重要的，其次才是產品知識和公司知識；全面、主動地了解顧客，與顧客進行愉快的溝通。

（2）多問「什麼」，少問「是不是」。如果你問「是不是」，很多時候顧客就會敷衍你，因為這是你在替顧客找答案，所以應該多問「什麼」。例如，是什麼引起了這個問題？為達成目標，我們應該採取哪些措施？遇到了哪些障礙？我們期望的最終結果是怎樣的？

（3）問題循序漸進。一次性的提問並不能挖掘出多麼有價值的訊息，所以需要循序漸進，層層深入。採取步步為營的策略；問出顧客當前及未來的需求；引導顧客思考；提供我們的產品或服務所能解決的問題，為顧客創造的利益核心所在等。

## ■ 行銷人員應該怎麼做

當顧客說出「不」的時候，銷售難度將會大大增加。出色的行銷人員懂得用精巧的話術避免顧客說「不」，讓銷售順利進行。圖 4-6 整理了消費者拒絕購買的幾種情形。

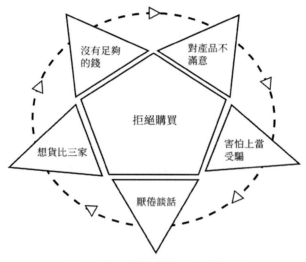

圖 4-6 消費者拒絕購買的五種情形

（1）沒有足夠的錢。買不起想要的產品，又不想讓別人知道他是「窮光蛋」，只好找個藉口來拒絕購買。當顧客購買心理處於「沒有足夠的錢又死要面子」的狀態，則需要行銷人員察覺原因，推薦符合顧客心理價位的目標產品，實現行銷目標。

（2）對產品不滿意。顧客需要這件產品，但該產品總體上不合他意，功能不夠齊全，不太好用等。顧客總希望能買到最滿意的東西，如果行銷人員察覺到此時顧客的心理，換一種型號的產品推薦給顧客，或許顧客就樂意購買了。

（3）害怕上當受騙。任何一個產業都可能存在坑蒙拐騙的品德惡劣的人，行銷產業也不例外。如果你遇到的顧客曾不只一次地被你的「同行」欺騙的話，那麼你是絕對得不到顧客的歡迎的。當行銷人員洞悉顧客的心理時，不妨展現出誠意和坦然，讓顧客放下偏見，用真情實意來打動顧客。

（4）厭倦談話。忙碌的工作會影響消費者的消費習慣和聆聽習慣。時間觀念較強的顧客容易厭倦和行銷人員談話。如果顧客比較忙碌，通常就不願意和這麼多行銷人員周旋，而會找個藉口對行銷人員委婉說「不」。當行銷人員摸清顧客拒絕購買的心理時，可採用簡明扼要、重點突出、條理清晰的銷售話術，在有限、簡短的時間內拿下顧客。

（5）想貨比三家。價格、性能、服務，現在商家主要還是比售後服務，價格每家都差不多。選產品現在主要看服務，就算是個非常好的產品，沒有好的服務，就是垃圾。對於這類顧客，優秀的服務可以讓顧客身心愉悅，對產品樹立良好的印象，從而快速實現銷售。

以不置可否的態度處理顧客說「不」不算是個成功的行銷人員，最重要的是要了解顧客說「不」這句話背後的意思，因為它隱藏著各種複雜因素。分析顧客在交談時所包含的訊息，做好充分的準備，再針對顧客的性格、愛好、特點去推銷自己的產品。

## 適時製造一點壓力

有一些顧客不急著購買產品，而是不停地拖延時間。成交有一定的最佳時間點，一旦錯過了這個時間點，消費者就可能放棄購買，或者轉而看其他的商品。在這種情況下，行銷人員就要適當製造一點壓力，催促他購買，快速實現交易。

拖延購買的心理，是指顧客在購買的時候，明明心儀一款產品，卻還遲遲不肯購買的現象。拖延一直存在於我們身邊，每個人或多或少都有拖延的習慣，也許拖延是為了逃避某件事情，也許拖延是為了緩解緊張的壓力，也許拖延是為了尋找新的機會。

有一種顧客比較難纏，原因是對產品知識了解得比較多，甚至比行銷人員更專業，而讓行銷人員覺得難以應付。

不過，專業的顧客為了自己的利益有時也會胡攪蠻纏。在這種情況下，只要他們有購買的意願，就要果斷催促他們成交。

## 巧用激將法，施加壓力

日本人與美國人做生意，經常圍繞對方的自尊心展開研究。例如，一個美國人想以 2,200 美元的價錢賣出一輛轎車，有位日本人來看車子，經過很長一段時間的討價還價，賣方很不情願地答應以 2,000 美元的價格成交。日本人留下 50 美元的定金給賣主，可是，第二天他所帶來的卻是一張 1,900 美元的支票，而不是應付的 1,950 美元，並且一再向對方懇求、解釋：他只能籌到 1,900 美元。

如果對方不同意，日本人一般會用激將法，如說：「美國人一向自詡自己是世界上最慷慨的人，今天我才領教了你們的慷慨。」或者說：

「區區 50 美元都不讓步，這樣是不是顯得有點小氣了？況且你們美國人在賺錢方面很有一套，還會在意這點錢？別太貶低自己的能力了吧。」這個可憐的美國人肯定認為自尊心受到了挫傷。這時，如果日本人再找一個臺階讓他下來，買賣就成交了。下面是「推銷之神」原一平使用激將法促成交易的案例。

　　面對一位有些固執的老人，原一平說：「真是活見鬼了！如果只向你這種一隻腳已進棺材的人推銷保險，會有今天的原一平嗎？再說，我明治保險公司若是有你這麼瘦弱的顧客，豈能有今天的規模？」

　　「好小子！你說我沒資格投保，如果我能投保的話，你要怎麼辦？」

　　「你一定沒資格投保！」

　　「你立刻帶我去體檢，小鬼頭啊！要是我有資格投保的話，我看你保險這碗飯也就別再吃啦！」

　　「哼！單為你一人我不要。如果你全家人都投保的話，我就打賭。」

　　「行！全家就全家，你快去帶醫生來。」

　　「既然說定了，我立刻去安排。」

　　數日之後，老人全家所有的人員都參加了體檢。除了這位老人因肺病不能投保外，其他人都投保了。

　　原一平巧妙地運用激將法，擺平了難纏的顧客。

　　在使用激將成交法時，行銷人員不能逼迫顧客。行銷人員不應該向顧客提出這樣的問題：「您下定決心了嗎？」「您是買還是不買？」儘管已經看到商品的好處和購買的利益，仍有不少顧客受自尊心的驅使，不願意就此放棄原有立場。如果行銷人員要這些顧客馬上回答上述問題，顧客必然感到

難堪，導致成交困難。

　　行銷人員在詢問顧客時，最好把問及整個購買決心的問題變為只問某個購買細節，並爭取顧客在細節上做出讓步。這樣，可以給顧客一種心理安慰，引導顧客採取合作的態度，顧客也會因此感到購買的決心是自己下的，並非別人強加的。

## ▓ 行銷人員應該怎麼做

　　促成交易的階段，就如同足球場上的臨門一腳。如果發現了購買的意願和信號，就要及時抓住機會促成交易。在此，介紹幾種製造成交壓力，促成交易的技巧，如圖 4-7 所示。

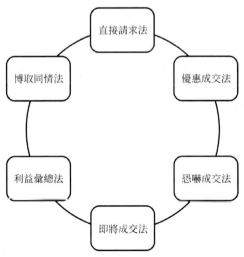

圖 4-7 製造成交壓力，促成交易的幾種方法

（1）直接請求法。直接要求顧客購買。這種方法適合購買信號較為明確的顧客。對於熟客，由於彼此有一定了解和信任，或者顧客曾經購買過類似產品，直接請求一般不會引起反感。你大可說：這種產品挺好的，很適合你，來一件怎麼樣？如果不成功，顧客會說出理由（異議），你可以繼續去解決異議。不能一味地催促顧客，讓顧客產生壓力。

（2）優惠成交法。顧客很想買或已經決定買，但還是左顧右盼，就是不肯交易。可以透過給予顧客優惠（如打折、贈送禮品），促進成交。你可以告訴顧客：× 小姐，× 月 × 日前購買 ×× 一支，送 ×× 一瓶，我幫妳拿一套吧；我看你有心買，就再讓一點利，送你一件小禮物，都快賠本了。

（3）恐嚇成交法。告訴顧客不立即購買可能會是很大的錯誤，甚至會非常後悔，透過這種「恐嚇」讓顧客成交。你可以說：優惠活動馬上就要結束了，也許你明天來，禮品都沒有了；你想想看，現在已經是夏天了，油性皮膚出油會更嚴重，對您的皮膚很不利哦。這樣，顧客面臨兩個選擇，一個是購買可以得到實惠，而另一個卻暗示著更大的風險。

（4）激將成交法。透過激將法，刺激顧客，讓顧客為了面子、滿足被別人讚賞的心理而購買。例如，對顧客說：那套產品比較高級，對您可能貴了一點，要不您選這一套吧，經濟實惠。還有就是刺激顧客的比較心理，可以對顧客說：

這套產品，昨天 ×× 夫人買了一套，像您這麼有身分的人，更應該用這種名牌產品。激將成交法不得亂用，要確定顧客是虛榮心強或是愛面子的，才能使用。建議最好用於有一定了解的熟客。

（5）利益彙總法。可以把產品的益處，如獲得顧客認同的地方或顧客需要的功能彙總，再提醒顧客，在加深顧客對產品益處的感受的同時，向顧客提出購買要求。說總結性的話，意味著你不想再糾纏下去，希望顧客馬上做出購買的決定。

（6）博取同情法。費盡口舌都不能打動顧客時，可以採用「博取同情法」，態度誠懇地說：「× 太太，雖然我知道我們的產品絕對適合您，可我的能力太差了，無法說服您，我認輸了。不過，能不能請您告訴我您不購買的原因，讓我有一個改進的機會好嗎？」像這種謙卑的話語，不但容易滿足顧客的虛榮心，而且會消除彼此之間的對抗情緒。顧客會一邊指點你，一邊鼓勵你，有時會意外購買你的產品。

# 第五章
## 宣傳要怎麼擊中顧客的痛點

　　消費者的愛好迥異，購買能力也有一定限度，你不可能把所有人都當作顧客，那樣只能是廣種薄收，費力不討好。良好的宣傳很重要，可以達到事半功倍的效果。不能擊中痛點的宣傳只能是隔靴搔癢，徒耗人力物力。

# 錯位、定位，哪個更有效

定位與錯位是分別根據消費者趨同心理和趨異心理而實行的行銷策略。趨同是指在同款產品或相似產品之間，總是優者取勝的一種心理。趨異是指超出了同款產品或相似產品，將其他產品或產業的思維引入原有產品理念的一種心理。

定位本質上是區分消費者客群，一定的功能只服務一定的客群。產品必須可以帶給消費者實際的用處，人們才願意花錢買。在定位理論的影響下，廣告宣傳往往以性能為基礎，目的是讓消費者認同。

錯位本質上是挖掘消費者更深的感覺需求和滿意需求，它利用顧客對產品的心理預期和產品現實之間的錯位，巧妙地實現顧客價值，把市場行銷苦苦追求的滿足消費者，變成了消費者滿足。

錯位行銷就是避開趨同性的競爭手段，追求獨樹一幟、別具一格的競爭理念和競爭策略，以拓寬自己的市場空間，是一種與「趨同競爭」相對立的策略。通俗地說，就是「不做別人做的，只做別人不做的」。

## ■ 不利因素變成有利因素

來看一個例子。在非洲草原，一頭雄獅悄悄地接近羚羊，但是被羚羊發現了。羚羊迅速逃走，雄獅奮起直追，但是最終還是失敗了。因為雄獅身上長著厚厚的鬃毛，很容易在捕獵時暴露自己，也會在奔跑時成為障礙。

從捕獵來看，鬃毛似乎是雄獅個體生命存在的不利因素，實際上，沒有鬃毛的雌獅在捕獵和奔跑方面更為有力和迅捷。雄獅的鬃毛在很大程度上降低了牠們捕獵的成功率，但是為什麼雄獅身上的鬃毛沒有在漫長的生命進化過程中逐漸消失，反而越長越濃密呢？

原來，鬃毛越濃密、顏色越深的雄獅越容易吸引雌獅。鬃毛越濃密，顏色越深，顯示了雄獅的生命機能越強盛，也就越容易獲得與雌獅交配的權利。從生物學的角度看，「錯位現象」產生了，一種威脅個體生命的不利因素反而成了延續種群存在的有利因素。

由此想到，抽菸本質上是一種傷害自己生命和健康的自戕行為，但是很多人就是照吸不誤，因為在他們眼裡，吸菸顯示了一種生命的強悍，可以俘獲女性的芳心。所以，戒菸廣告採用恐怖訴求來恐嚇吸菸者，能奏效嗎？顯然不能。

全球最大的廣告公司之一——日本電通廣告公司每年都聯合國家教育部門，讓電通的資深經理人為大學裡從事品

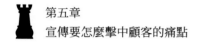

牌、傳播、廣告教學的教師進行培訓。其中有一個關於亞洲
果汁產品的例子。

亞洲市場混合果汁賣得好，歐美市場純果汁賣得好，這
是什麼原因呢？日本人百思不得其解。如果去做消費者調
查，得到的都是有關品牌、品質、口感、價格之類的因素，
但這些都是煙幕彈，與真相差得很遠。

但透過錯位理論就可以很容易找到答案。亞洲市場為什
麼混合果汁賣得好？因為亞洲消費者看重的是，花一樣的
錢，喝多種果汁。同樣 30 元，如果只買到一瓶柳橙汁，就會
覺得沒有占便宜。

作為行銷人員，如果不了解亞洲消費者的這種錯位心
理，就很難在亞洲市場做好銷售。如果同樣 30 元，買混合果
汁，既有柳橙汁，又有蘋果汁、草莓汁，幾種水果的營養集
中在一瓶裡面，消費者就感覺賺到了。

## ■「錯位」廣告，嶄露頭角

有一年秋天，挪威航空公司憑藉「爺爺的魔法」入選
年度最佳 TVC（Television commercial，電視廣告）。麥肯
（McCann Erickson）為挪威航空公司製作的視覺錯位廣告以
如詩的畫面、清爽的音樂，以及巧妙的構思，講述了一段溫
馨的祖孫情。

在位於倫敦皮卡迪利廣場上的戶外電視牆上，每每有航班飛過，畫面中的小男孩就會從地上爬起來，用手指著空中的航班，一路追過去，畫面中同時將顯示每架航班的飛行編號、出發地或目的地。這同樣是一個利用視覺錯位發散而出的創意概念，雖然少了一點魔法元素，但盎然的童趣以及飛行訊息的載入依然令人們對每架從天上經過的航班充滿了期待。

這是「錯位」廣告的一個例子。「錯位」廣告指的是商家在非產品對應內容的媒體上刊登的廣告，如在遊艇雜誌投放餐具廣告。「錯位」廣告的產生，是因為商家認為顧客的購物需求是跨越多個類別的，這樣做能夠產生連帶效應，增加購買的可能性，而這一點在富裕消費者中表現得最為明顯。

調查機構益普索（Ipsos）曾針對富裕消費者做過一項調查，該調查的研究對象是 18 歲以上、家庭年收入超過 10 萬美元的消費者，這一客群的總數在美國約有 5,850 萬人，相當於全美人口的 21%。美國的富裕消費者擁有全國 70% 的淨資產、約 60% 的國民收入，以及占有大部分的消費比重。

該調查稱，成功的「錯位」廣告需要仔細摸清富人的心思 —— 尋找能引起他們產生理想、價值觀等方面的共鳴的東西，這才是他們選擇商品時更加看重的。同時，由於富裕人群對喜愛的事物通常有著極強的熱情和占有欲，他們往往有別於其他普通的顧客，更關注那些與他們產生情感溝通、共鳴的商品。

## ■「錯位」銷售，大行其道

該研究發現，美國富人中的滑雪愛好者會比其他人在自行車、網球拍等體育用品方面多出五倍的花銷，同時還比其他人在手錶、珠寶、有機食品、電子書等「錯位」商品方面多了 20%到 50%的支出。

棒球、籃球和足球通常都是富人在各類運動中的首選，他們對於運動的熱情也延伸到了其他領域的商品上。人們對於足球充滿熱情，同時也帶動了娛樂消費，特別是大型活動門票的銷售。

一些摩托車雜誌也有著同樣的情況，富人們在瀏覽摩托車訊息的同時也關注家居裝飾、科技、財經、電器用具等方面的廣告。那些越是對某方面著迷的富人，越是對那些跨領域商品更為關注。那些熱愛美食的富人同樣也喜歡家居、園藝、服裝配飾、電子產品、個人護理、珠寶、手錶等物品。

## ■「錯位」思維，催生新的商業模式

今天成功的商業模式，幾乎無一例外都是錯位思維帶來的「擴展」結果。市場細分越來越小、越來越窄，而越走越窄的路子一定不是正路。真正盈利的商業模式都是錯位的。

Kappa 發現，絕大部分人穿運動服並非是想去運動，而是想擁有運動的感覺、幻想和熱情。單憑運動這一狹窄的細

分市場不足以支撐運動服產業的未來。除了運動場所，必須拓展，讓更多的人在更多的場所穿著運動服。於是 Kappa 提倡運動服的「非運動化」，把運動服錯位成非運動場合都能穿的時裝，因而獲得了更大範圍的購買率。

娃哈哈就曾採用過錯位行銷模式，「喝了娃哈哈，吃飯就是香」。作為一種兒童營養液，不是就事論事地宣傳本身的營養價值，而是把自己錯位成兒童吃飯的飯引子，因為媽媽最擔心的就是孩子只吃零食不吃飯。可見，錯位行銷，可以找到消費者最本質、最隱祕的需求。

產業領先甚至第一的企業，盈利模式往往是錯位的。成為產業翹楚甚至第一的祕密很大程度上恰恰是因為沒有做這個產業。聽起來可笑，可事實證明一切。

世界 500 強排名第一的沃爾瑪是幹什麼的？超市？錯了。使得沃爾瑪真正成為第一的是沃爾瑪在全世界物流做得最好。不是超市管理，而是超一流的物流營運，確保了沃爾瑪的成本更低，於是價格更低，從而成為世界老大。

世界餐飲第一的麥當勞是做什麼的？快餐業？錯了。麥當勞是娛樂業。麥當勞的總經理整天提醒員工：切記，我們不是速食業，我們是娛樂業。麥當勞透過賣美國的娛樂文化來賺錢。如果再往下分析，我們會發現，麥當勞已經成為亞洲成功的房地產企業之一。類似的例子還有很多。

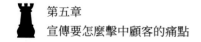

不管是從宣傳和廣告來看，還是從商業模式來看，就事論事，都是未來成功的大忌。比別人錯開得更多，就能比別人到達得更遠。

錯位行銷已經成為美國流行的行銷模式。幾乎可以斷言，未來企業品牌和企業的成功，無一例外都是商業模式的成功。若要打造一個適應未來十年甚至更久的商業模式，就必須從現有的條框限制中跳出來，藉助錯位模式，這才是 21 世紀商業發展的坦途。

## 來自名牌的誘惑

名牌就是滿足消費者的求名心理。求名心理，是指消費者透過追求和購買名牌商品，以顯示和提高自己的身分、地位而形成的一種消費心理。

求名心理是以追求名牌商品為主要傾向的消費心理需要。有的可能出於對品牌的信任，有的則以名牌來顯示自己的身分。

同樣的汽車，基本的功能沒有差別，都是以車代步，但當它被賦予一定的品牌時，對於具有求名心理的消費者而言，意義就不是代步工具這麼簡單了。它更像一種象徵性的

滿足,在他們看來,這些名牌象徵著財產、成功、高貴和社會地位。

## ■ 行銷人員應該怎麼做

製造名牌效應,需要注意什麼呢?如圖 5-2 所示。

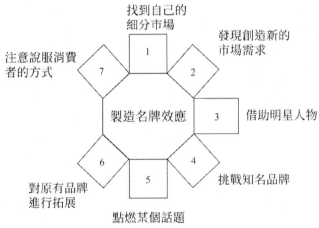

圖 5-2 製造名牌效應的七個方面

(1)找到自己的細分市場。市場細分是成熟行銷企業普遍採用的品牌策略。一個企業不能以同一方式吸引所有的購買者,因為消費者實在太多、太分散,每個企業必須找到最適合它的那一塊蛋糕。

(2)發現創造新的市場需求。當市場相對成熟的時候,產品和行銷方法都不斷趨於同質化,競爭的難度也隨之升

級。劣勢品牌在產業成熟期脫穎而出的機會減少，難度增加。許多企業選擇了另一條路，從行銷的角度看，發現一個新市場並迅速占領它比什麼都重要。

（3）藉助明星人物。常說的借船出海，就是策劃人常講的借勢，藉助其他事物、人員和組織良好的知名度、美譽度、信任度和關注度，把這些優勢合理地轉移到自己的品牌上，以便快速促進銷售。經常藉助的資源有公有資源、知名企業、重大事件、知名人物等。

（4）挑戰知名品牌。名牌在消費者心目中具有很高的位置，在消費者看來，能夠挑戰名牌，特別是領導品牌的企業一般實力雄厚，必然有過人之處。能與高手下棋的自然是高手，這是消費者的普遍心理。抓住了這一消費心理，企業果斷地向產業領導品牌挑戰，可以使自己獲得與領導品牌平起平坐的資格。

（5）點燃某個話題。喜新厭舊、追求新奇是人的一種天性，新奇事件猶如導火線，一旦點燃某個話題，必然引起社會的高度關注，進而引起全社會的討論，最終在消費者心中留下很深的印象。關鍵是出奇制勝，能夠在品牌推廣時利用新奇策略，會起到「一髮抵千鈞」的效果。

（6）對原有品牌進行拓展。品牌延伸策略是將現有成功的品牌用於新產品或修正產品上的一種策略。品牌延伸並非

只借用表面上的品牌名稱，而是對整個品牌資產的策略性使用。品牌延伸是實現品牌無形資產轉移、發展的有效途徑。品牌延伸，一方面在新產品上實現了品牌資產的轉移，另一方面又以新產品形象延續了品牌壽命，是一種明智的現實選擇。

（7）注意說服消費者的方式。首先，可以利用名人效應，引起消費者的注意，讓消費者愛屋及烏。名人所使用和購買的東西，往往被定義為高級的消費品，從而提升產品的信譽度和名譽度。其次，可以請一些權威組織認證你的產品，然後向消費者展示或提供產品的商標、資格榮譽等權威訊息，對消費者產生權威的心理暗示，衍生為品牌意識和消費衝動。


# 樹立顧客樂於模仿的榜樣

模仿心理是指，在沒有外界控制的條件下，個體效仿他人的行為舉止而引起的與之相類似的行為活動，其目的是使自己的行為與模仿對象相同或相似。不管是有意還是無意，每個消費者都不可避免地有這種心理機制。

消費行為，即使事先做了很充分的準備，收集了大量的

資訊，但是商品買回來仍然可能存在一些不合適的地方。人們最想知道的是是否有例可循。他人的購買，意味著別人替自己做了實驗，分擔了購買風險。而權威人士的介紹，同樣會增加「保險係數」。

　　模仿行銷的兩種方式，一種是簡單跟隨，一種是積極創新。簡單跟隨可以實現快速吸引注意力的效果，但最終會被人們遺忘，還會招致惡評。積極創新藉助成功案例展開話題，在操作過程中頻出奇招，甚至能超越原來品牌的影響力。這裡的模仿，是利用消費者的模仿心理，給他們一個可以模仿的人物或事件，促使其產生購買行為。

## ■ 第三方證明，增加說服力

　　第三方證明是促使消費者做出購買行為的利器，其中最核心的精髓就是利用了消費者的模仿心理。最開始時，行銷人員使用口頭證明，引用一位顧客的話來宣傳產品。隨著科技的發展，用來作為權威的工具也越來越豐富了，企業宣傳冊、獲獎證明、媒體資料、顧客的推薦信等，都可以被潛在顧客當作參照物。

　　第三方證明具備巨大的魔力，顧客會無意識地將行銷人員的生意同第三方的故事進行比較，在一定程度上，顧客會將故事中的人物所取得的成功看作就是行銷人員甚至自己的

成功，這樣一來買賣就可以輕鬆搞定了。小黎是一位資深的銷售顧問。前不久，小黎得知，某著名汽車生產商要採購大量配件，由採購部經理小江負責此事。於是，小黎馬上約了小江面談。

小黎：「貴公司的發展是多麼迅速和緊迫呀。」

小江：「是的，我現在負責採購一批關鍵零配件，一定要品質可靠。」

小黎：「我知道你們公司以高品質著稱，這麼多的配件，不會全都一次性地在國內購買吧？」

小江：「對，初期先在國內試點採購一部分，產品水準、品質一定要得到保障才行。」

小黎：「我在這個產業做了好幾年了，也和其他的一些知名汽車生產商打過交道，熟悉 500 強企業的採購模式和一般性策略。」

小江：「你們通常提供給那些知名汽車生產商的是什麼樣的配件？」

小黎：「各種配件都有。我們幾乎和各大汽車生產商都打過交道，尤其是那些名牌企業，他們對品質的要求幾乎達到了吹毛求疵的地步，好在我們經得起考驗。我們給 B 公司（某知名汽車生產商）展示我們的產品時，他們找了五家供應商，用了三週分別來考察，最後，第一年的合約簽給了我們。」

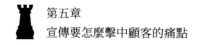
小江：「最後為什麼選擇了你們？」

小黎：「我們是唯一採用德國進口材料的，確保使用週期長；唯一採用日本進口加工機床的，確保加工工藝及流程的嚴密；我們製作加工的師傅都是在日本學習深造過的；我們對售後服務的承諾是讓他們最滿意的。基於這四點，B 公司就將合約給了我們。」

小江對此表現出了很大的興趣，準備就價格問題和他詳談。

在談話中，小黎非常巧妙地將和知名企業的合作案例拿了出來，很快贏得了對方的信任和好感。因為人們往往會有這樣的想法：像 B 公司那樣的大企業都願意跟他們合作，看來他們真的很不錯！

運用「第三方證明」時，如果第三方是某個人，最好是一個比較有權威的人，這樣可以增加產品的可信度。第三方證明可以採取多種形式。講故事或許是最普通的一種，寫推薦信則是另外一種。列舉顧客或顧客名單是可以採用的第三種方式。

倘若持有顧客的推薦信，效果會更好。一流的行銷人員總是帶著一本推薦信做成的小冊子。你給人看的次數越多，效果就越好。小冊子裡的推薦信種類越多，效果越好。任何一封來自你潛在顧客認識或聽說過的一個人的推薦信，對促

使成交都非常有用。

　　含有來自滿意顧客推薦意見的銷售函或者電子郵件，能獲得積極的回應。如果推薦信來自與讀者同一座城市的居民，效果將會更好！買主名單也是一個有效的第三方證明，行銷人員應該更經常地加以運用。匯編一份著名顧客的名單，對促使成交也十分有益。一位芝加哥的工業銷售經理曾經讓他的推銷員帶上散亂放置的推薦信。成交時，推銷員拿出一封推薦信，遞給潛在顧客。他只要一放下，推銷員就再遞給他第二封，然後遞給他第三封。不一會兒，推薦信在潛在顧客的桌子上就堆成了山。結果證明：信越多越好。沒有一個潛在顧客會見到桌子上堆滿了滿意顧客寫的推薦信而無動於衷，不做好成交準備的。

　　霍蘭德是一位銷售專家，他隨身攜帶一本有許多頁的顧客名單。名字都是顧客自己手寫的（這要有效很多）。

　　在和潛在顧客溝通時，他會說：「你知道我們非常以我們的顧客為榮。你認識最高法院的霍斯法官，對吧？我估計你也認識安德魯，全國製造公司的總裁。他們都使用過我們的產品。你看，這是他們的名字。」

　　他饒有興致地和顧客談論這些名字，然後說：「有這樣一些人都接受了這個價位，如⋯⋯」他接下來念出一些更知名的人的名字，「具有這種才幹的人是什麼樣的人，就具有

什麼樣的判斷力。我想把你的名字寫在下面，和霍斯法官與普雷市長的名字放在一起。」

無須再進行其他的爭論，他就與多數潛在顧客成交了。

這個故事告訴我們：每位潛在顧客都有很強的模仿心理，你所要做的全部，就是用第三方證明策略，來啟動這一心理，將其朝正確的方向進行引導。

## ■ 行銷人員應該怎麼做

製造模仿效應，給消費者一個樂於模仿的榜樣，一般來說，有以下幾個方面，如圖 5-3 所示。

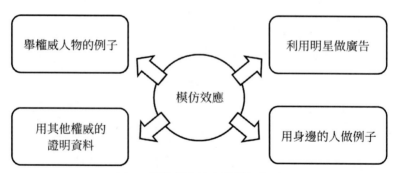

圖 5-3 製造模仿效應的幾個方面

（1）舉權威人物的例子。人微言輕，人貴言重。權威人物會對消費者形成一種強大的影響力，從而改變消費者的行為。你可以說，某人物是我們產品的代言人，或者某人物已經購買了我們的產品，我們的產品有很強的信譽度，你可以

放心購買和使用，不妨來試一試。如果這個人物正是消費者喜歡和尊重的人，消費者會很樂意購買你的產品。

（2）利用明星做廣告。這是一種比較普遍的做法。廣告代言人大多都是很有名的影星、歌星、體育明星，而不是那些名不見經傳的小人物。由明星做廣告的商品，消費者會認為明星分擔了一定的購買風險，從而在心理上接受，增加對商品的購買。

（3）用身邊的人做例子。著名的推銷員喬·吉拉德總結出了一個「250」定律，即每位顧客背後都有 250 個與他關係密切的人，這 250 個人可以是顧客的同事、鄰居，也可以是親戚、朋友。消費者受到周圍人的很大影響。如果消費者周圍的人有購買產品，無疑會增加顧客對行銷人員和產品的信任度。

（4）用其他權威的證明資料。像上面提到的推薦信、顧客名單，都屬於可以堅定顧客信心的資料。其他的資料還有很多，如感謝信、調查證明等，行銷人員可以根據自己產業的特點，製作有自己特色的資料，來增加產品的可信度。只要消除了顧客的懷疑，離勸說顧客購買就只有一步之遙了。

總之，在銷售的過程中，行銷人員要正確、合理地運用各種優勢，勸說消費者相信自己和產品，而不能只顧眼前的利益，弄虛作假、欺騙消費者，否則必將帶來嚴重的後果。

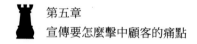
也就是說，顧客模仿的對象，一定要是真實的，不能存在不實的地方，否則一旦被發現，會嚴重挫傷消費者的積極性。

# 吃不到的葡萄最甜

《伊索寓言》（*Aesop's Fables*）中有這樣一個故事，一隻飢餓的狐狸路過果林，看見架子上掛著一串串葡萄，垂涎欲滴，卻摘不到，只能悻悻地離開，同時嘴裡都嚷著「葡萄還是酸的」。這句話的言外之意就是吃不著或者不夠吃的葡萄，人們才感覺是最甜的。

## ■ 激發消費者欲購從速的心理

「葡萄還是酸的」，可以用來解釋稀缺效應而帶來的購買欲，即透過對一種商品在時間、數量等方面進行限制，從而激發消費者欲購從速的心理。不過，從宣傳和行銷手段上講，這種稀缺效應更主要的是積極製造出來的，而並不一定是真實的。在消費者的心裡，時限越短，數量越少，就越難買到，進而會不願意錯過好的購買機會而採取積極的購買行為。

多數情況下，這還必須配合一定的讓利，如打折、贈送

物品、免費體檢等來達到，否則稀缺效應並不會引起消費者的購買欲。讓利，關鍵是讓消費者感覺到可以占到一定的便宜，並且是有限制條件的，只能在一定範圍內才能實現，恰好自己符合條件，及時做出購買決定是對自己最有利的行為。

消費者可能抱著看看的心理，不打算做出購買行為，但在稀缺效應和讓利的雙重影響之下，就會產生「趕緊買它吧，絕不要錯過了」「過了這村就沒這店，錯過了機會就很難再遇到了」的心理，這種心理可以改變消費者的消費習慣，改變人們原來猶豫不決、游移不定的態度。機不可失，時不再來，日本某汽車公司推出極具古典浪漫色彩的「費加洛」汽車，宣布全部汽車只有 2 萬輛，並保證此後絕不再生產。此消息在消費者中造成轟動效應，訂單雪片一般飛來。日本奧林帕斯公司推出一種價值 5 萬日元的「歐普達」相機，並宣布只生產 2 萬臺，其中 1.2 萬臺在國內銷售。結果，半個月內就有 2 萬多人申請預購，只好抽籤配售。

製造 CD 唱片的佛倫斯公司，為了推廣爵士鋼琴巨星迪克海曼（Dick Hyman）的作品，決定採用限量發售策略，全球只發行 2.5 萬張，並特地在每張 CD 唱片上烙印了號碼以強化限量的真實性，此舉大獲成功。

我們經常可以在電影院看到影片放映時的宣傳「預訂票

數量有限，放映僅限三天」。短短的一句話中，從兩個方面
暗示大家，「機會很小，欲看從速」。預訂票數量有限，暗示
消費者觀賞的機會稀缺，可能買不到票。放映僅限三天，暗
示消費者一旦錯過購買，就不再有觀看的機會。這些行為，
都可以看作製作稀缺效應，促使消費者購買的例子。

### ■ 行銷人員應該怎麼做

　　行銷人員如何利用稀缺效應原理，促使消費者及時購買
呢？如圖 5-4 所示。

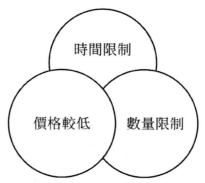

圖 5-4 促使消費者及時購買的三種方法

　　（1）時間限制。消費者之所以會觀望等待，是因為可
能還有更好的。要讓消費者果斷決定購買，就要打消他們的
「還有」意識。一旦消費者發現，等待就是沒有機會，就會
明白自己的等待是毫無意義的，就會及早下決定購買。走在

大街上，經常可以看到店鋪的門口打出「最後三天，欲購從速」等廣告語，這確實可以帶來一定的哄搶效果。

（2）**數量限制**。古玩之所以價值連城，主要原因是稀缺，不容易獲得。行銷人員可以利用人們期望得到稀缺物品的心理弱點，來提升產品的價值，並縮短消費者的決策時間。比如，你可以對顧客說「這件產品還剩下 10 件，往後很難再生產了，錯過了這次購買機會，以後恐怕也買不到了」、「這件產品就剩最後 5 套了，這個顏色最適合你」、「最近這種商品非常暢銷，你下次來的時候可能會沒有貨」等。

（3）**價格較低，或有其他形式的優惠**。優惠是吸引消費者的關鍵，如果沒有優惠，僅僅是時間限制和數量限制，只能為時尚和高級產品製造稀缺效應。想要在沒有稀缺效應的條件下，讓消費者加速購買，就只能選擇這種方式。比如，你可以說「現在是促銷，價格很優惠，三天以後就恢復原價了」「現在買還送小禮品，價格恢復以後禮品就沒有了」等。

## ■ 某電商 App 營運案例

激發顧客欲購從速的案例，最典型的還是各種形式的促銷活動。當在某些方面被限制的時候，那種「機不可失，時不再來」的緊迫感便會油然而生。促銷活動也是電商營運的重要內容，我們來看電商平臺在行動端做促銷的案例。

## 1. 天天特價

天天特價是扶持小賣家成長的行銷平臺，透過平臺、優質賣家提供當季折扣單品、買家限時搶購的互動模式實現三方受惠。天天特價是一個限時限量的特價促銷活動。之所以這個產品會被放在行動 App 首頁的入口，是因為它很適合行動場景，顧客在每天的零碎時間裡可以快速上來看看便宜貨。

## 2. 品牌特賣

每天 10 點準時上架一批新品，顧客可以非常直觀地看到所有參與特賣的品牌和相應的折扣、時間。參與品牌特賣的商品優惠力道極大，當品牌和低價結合起來時，其吸引力以幾何倍數增長。

限時限量也是我們不斷提起的行動法寶。就像品牌特賣自己介紹的那樣，當品牌和低價還有限時限量結合在一起時，在行動終端上是有爆炸效應的。

## 3. 清倉

看到清倉，就令人想到非常便宜，僅僅這個標題就已具有足夠的吸引力，而實際上其中的商品都非常便宜，而品質都有一定的保證。清倉的特點是什麼？限時限量、超低價。既抓住了行動行銷活動的精髓，又能幫商戶清理庫存。

### ■ 國外電商營運案例

#### 1. 亞馬遜秒殺

秒殺，顧名思義，就是以壓倒性優勢在極短的時間內（如 1 秒鐘）結束戰鬥，起源於足球運動，現在卻被廣泛應用於特價網站的快速購物。商家在網路上定時定量地發布一些價格超低的打折促銷商品，讓消費者在限定時間之內快速完成購買。有些價格特別低廉實惠的商品，甚至可能在一上架的時候就被搶購一空，最快的只需 1 秒鐘，可謂真正的「秒殺」。

## 講好產品的故事

不管一件產品多麼平凡無奇，只要有一個好的故事，讓消費者深刻地記住，商品的身價就能飆升。這是為什麼？這就是聯想心理的奧妙。所謂聯想，就是各種觀念之間的連繫或連結。聯想心理，就是一種事物的出現，能夠合乎規律地在頭腦中引起另一種或多種事物的出現。

## ■ 好的產品故事能夠打動消費者

內容行銷中流行「story telling」，譯成中文就是「講故事」。好的產品故事，一定是透過聯想，觸發消費者關於各種美好事物的想像。想像對於消費者來說，具有巨大的、不可替代的價值。想像將一種有極大價值的消費理念植入消費者的大腦中，可以得到社會和大眾的認可，創造品牌的神話。鑽石之所以成為一個品牌，就是因為 20 世紀講了一個最好的故事，「鑽石恆久遠，一顆永流傳」，從此成為忠貞不渝的愛情見證。

New Balance 講了一個《致匠心》的故事，使其品牌格調又陡然升了一級；可口可樂的配方故事讓人永遠記得它獨特的味道。

有什麼比講一個精彩的故事更具吸引力，更加引人入勝呢？

某品牌洗衣粉的一則廣告把消費習慣當作行銷切入點，取得了很大的成功。廣告截取了一位婦女回家的生活片段：一位年輕的媽媽，為了生存，不得不為找工作而四處奔波。懂事的小女兒心疼媽媽，怕媽媽太辛苦，所以決定幫媽媽洗衣服，減輕媽媽的負擔。

美麗而天真的小女兒傳出了她可愛的童音：「媽媽說，『X 牌』洗衣粉只要一點點就能洗好多好多的衣服，可省錢了！」鏡頭一轉，只見門簾輕動，媽媽施著沉重的身子無果

而回，正想親吻熟睡中的愛女，看見女兒身邊的留言——「媽媽，我能幫妳做家事了！」媽媽的眼中滾出了感動的淚花。最後，畫面出現「只選對的，不買貴的」的廣告語，並配合洗衣粉包裝袋。

這則廣告的目標客群就是勤儉持家的家庭主婦，她們日常洗衣粉的消費頻率通常比較高，講究物美價廉。廣告中，小女兒一語道破，「X 牌」洗衣粉省錢、好用，媽媽洗衣服就用它，不用別的，這一句正好印證了廣告語「只選對的，不買貴的」。媽媽喜歡，小女兒也喜歡。無疑，媽媽的消費習慣已經影響了小女兒，等小女兒長大了，也會繼續使用「X 牌」洗衣粉。

## ▇ 好故事成就好行銷

最好的公司會透過講述故事，建立強大而持久的品牌。一種是創世記型故事，重點是公司的創業傳奇；一種是顧客影響型故事，講的是公司的產品、服務為人們的生活帶來的積極影響和改變。鮮明的主題、個性化的人物、豐富且有衝突的情節、感同身受的細節缺一不可。

沒人愛聽大道理，最好講個小故事。這無關人的智商與地位。迪士尼卡通創造出米老鼠與唐老鴨，把「老鼠變成米老鼠」轉換了概念。

　　「老鼠」並不讓人們都一定喜歡，可是米老鼠就不一樣，它可以給人們帶來快樂，可以獲得大多數人的熱愛與好印象——米老鼠就形成了品牌。而這個過程就是講故事。

　　每個成功的品牌背後，都有一個精彩的故事。凡是成功的品牌，都很擅長「講故事」；凡是優秀的行銷員，講故事都信手拈來。他們懂得如何把品牌的歷史、內涵、精神向消費者娓娓道來，並在潛移默化中完成品牌理念的灌輸。所以，一個好的行銷就是講一個好的故事。

### ■ 好故事的要素

　　好的故事具備什麼要素？以下四點是一個好故事必須要具備的，如圖 5-5 所示。

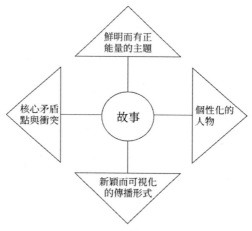

**圖 5-5 好故事的幾個要素**

（1）鮮明而有正能量的主題 —— 勵志與夢想。勵志與夢想，是當下社會中熱度一直不減的話題，也是「酸民」們的精神食糧。夢想系、勵志系甚至愛情系文藝創作題材，就是整個客群的軟肋。

（2）個性化的人物。個性與時尚是現代消費者追求的方向，也是「9 年級生」與「00 世代」的典型特徵。透過人物的個性展現，消費者會為他們的一點成功而歡呼，也會為他們的挫折而苦惱，從而極大地認可產品。

（3）新穎而可視化的傳播形式 —— 影片。比起長篇的文字，圖像本身具有直觀性和美感，更易於傳播，也更適合零碎時間。影片行銷目前呈現三個趨勢：一是品牌影片化。很多廣告顧客都希望透過影片行銷方式，把自己的品牌展現出來。二是影片網路化。這種發展已經成為一種網際網路行銷的慣用手段了。三是廣告內容化。當一則廣告成為一個電視節目或影片的重要組成元素的時候，或者成為一個劇情連接的時候，大家就願意去看。

（4）核心矛盾點與衝突 —— 堅持與特立獨行。好故事必須具備核心矛盾點與衝突，必須能夠展現品牌或產品創立的動機。要堅持特立獨行，是因為這樣更容易打動人心，更容易讓他人印象深刻。核心矛盾點與衝突是宣傳的精髓和高潮部分，是最激動人心的時刻，也是檢驗和評價一個故事成敗得失的關鍵。

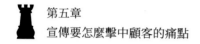
## ■ 好故事的類型

（1）創業型故事。一個品牌從無到有，創業的過程往往
是成就品牌的關鍵，創業者的個性與創業時期的故事，決定
品牌的基因。在這方面，奢侈品品牌絕對是高手。所有行銷
的最終目的都是增加銷售額，但奢侈品行銷的長期目標則是
潛意識的品牌植入。

香奈兒的創業故事分為 12 章，在其官網上以影片的形
式播放。在這種故事中，創始人個性、大事記這兩樣東西是
主角。在品牌敘事中，香奈兒不但是時尚界最舉足輕重的
品牌，Chanel Style 更成為社交場上名女人優雅時髦品味的
象徵。

創辦人香奈兒（Coco Chanel）女士一生的崛起、名利、
成就、遭遇都帶給她無窮的創作靈感。她的故事就是品牌的
故事，品牌的故事也是她的故事。

顧客對香奈兒這個品牌的迷戀很大程度上是對香奈兒女
士的致敬，也是一種精神面貌的投射。

（2）歷史型故事。時間有時也是品牌資產的一部分，在
漫長的歲月中，大浪淘沙，優秀的品牌才能做到歷久彌新。
在消費者眼中，只有那些極為卓越的企業，才能在險峻的市
場中長期屹立不倒。高級手錶品牌百達翡麗的著名的廣告詞
「開創屬於自己的傳統」早已成為明顯的品牌標識。強烈的

情感表達是該廣告宣傳活動長期以來備受推崇的主要原因，亦將百達翡麗顧客信奉的人生價值與這一家族製錶企業第四代掌門人信守的理念進行融合。

百達翡麗曾推出一則廣告影片，生動展現出一塊手錶成為父子之間的情感連結，講出一個「代代相傳」的故事。不論何種文化背景，這種真摯情感可以令每對父子感同身受。經典的廣告語「沒有人能真正擁有百達翡麗，只不過為下一代保管而已」，將品牌的持久質感表達得樸素而又高貴。

（3）傳播型故事。新企業和新產品也可以有動聽的故事，關鍵是怎麼切入。

根植於電商的一些品牌，就常常以「故事」取勝。例如，某個農產品牌，無論是在其網路商店上，還是在社群平臺上，創業者希望把農戶的故事融入產品中，每個產品蘊含著一個故事。

在商店成立之初，該品牌以農民的名義發了幾篇文章，同時得到幾位名人轉發，剛剛成立的品牌知名度迅速提升，同時也被打造為一個有溫度、有情懷的品牌。

（4）相關型故事。如果品牌有足夠好的資本，那麼完全可以自顧自講故事，使品牌本身成為焦點，吸引更多的消費者。如果沒有，那不妨從「相關性」入手，將品牌身分與消費者需求緊密結合起來，加強兩者之間的雙向溝通，透過建

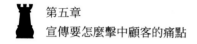
立連繫，實現品牌目的。

瑞典家具品牌宜家與 MEC 娛樂公司合作，曾在美國 A & E 電視臺播出了名為「改造我家廚房」（Fix this Kitchen）的實境節目。在每集約 30 分鐘的節目中，製作單位會從主動報名的觀眾中，挑選適合改造的家庭，並觀察他們的作息和興趣，再由主持人和知名設計師，在 5 天內為這一家人打造專屬的廚房。

每集的節目中，製作單位都使用宜家產品，為一家人帶來翻天覆地的大改造，也細心地介紹哪些產品特色可以讓生活更便利。即使觀眾都清楚地知道節目是由宜家贊助製作的，但實用的訊息仍滿足了消費者迫切的需求。根據 Latitude Research 的調查，在收看過節目的觀眾中，60％認為宜家提供高品質產品，也有高達 2 ／ 3 的人表示要改造廚房時，會考慮造訪宜家。

（5）風格型故事。有些故事就是為了塑造自己的風格，走差異化路線。人們只要一想到某種風格，就會馬上想到這個品牌。因為在飲料產業，產品的同質化很普遍，所以這一點最為明顯。

假設我們現在身處咖啡店，你需要向店員描述喜愛的咖啡口味。是清爽的酸味，還是溫和的甜味，抑或微妙的堅果味，其實大多數消費者都不太清楚。2005 年，星巴克決定用

咖啡包裝體現產地標識，來指導消費者區分咖啡之間的細微差別，幫助他們發現喜愛的口味。

星巴克咖啡豆的產地主要是美洲、非洲和太平洋地區，每個地區的咖啡豆都有獨特的風味，品評的過程就是發現風味、酸度、醇度和氣味的過程。肯亞咖啡與斯丹摩咖啡都具有東非咖啡明顯的酸度與水果般的風味，而產地在太平洋區域的咖啡具有泥土的芳香和草木香。

（6）細節型故事。小細節也可以做大文章，從一些小細節入手，非常碎片化，但是能達到見微知著的效果。別人看到這個細節，就能感受到你的企業形象。

很多人一定沒有注意到，谷歌悄悄更改了自己的LOGO。新標誌的變化十分細微，一般人很難看出來，其原有標識中的 G 和 L 稍稍挪動了一點位置，G 向右側移動了一個像素，L 向右下方移動了一個像素。

這個故事的標題為「99.9％的人都沒有發現的改動」，反而激發起大家去發現的「興趣」，每個人都爭相成為那0.1％的人。於是，一次改動成了一個故事，一個故事成了一次傳播。谷歌把這個故事講出來，同時也展現出品牌一絲不苟、精益求精的形象。

講好故事，做行銷界的「故事大王」，你的企業一定會成功。在過去，講故事成本不菲，要買版面、要買時段，

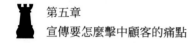
　　還有各種各樣的限制。網際網路時代，處處都是媒體，如果
願意，品牌還可以擁有一塊「自留地」── 自媒體。IG、
FB、App……都可以用來講故事。作為一個優秀的行銷人
員，你還在等什麼？

# 第六章
## 利用推銷技巧打贏心理戰

　　一個賣家，一個是買家。推銷不是老王賣瓜，自賣自誇。推銷更像買賣雙方在談判，是心理層面的攻與守，雖不見硝煙，卻驚心動魄。若能掌握消費者的心理，設計一些技巧，就能在不知不覺中抓住消費者的心，打贏這場心理戰。

# 貴與便宜應該先說哪個

優秀的推銷員，總是先介紹貴的東西，再介紹便宜一些的東西，因為他們知道消費者有一種對比心理。對比心理是一種在感覺上進行對比的心理偏差，具體來說，是兩個或多個事物同時或相繼出現時，往往會導致感覺上的差異加大。

## ■ 為什麼先介紹貴的東西

首先，當提供價格較貴的產品時，消費者若滿意，自然就會購買，若覺得太貴，就會去注意那些價格較低的產品，對比之下，也較能接受現有的產品，增加購買的機率。

其次，介紹貴的東西代表對其個人的尊重。顧客都有虛榮的心理，一開始介紹價格低的商品，對於一些有身分、地位或較為富有的人而言，會感覺受到了侮辱。而對於消費能力較差的顧客而言，他們反而會有受寵若驚的感覺。

再次，先介紹貴的東西，再介紹便宜的東西，消費者可能會乾脆買貴的產品。相反，先介紹便宜的東西，對比之下，消費者會真的產生「貴」的感覺，不管這個商品是不是真的貴。

最先介紹便宜的東西，給人的感覺是這家店沒有等級，

沒有水準，「東西很便宜」「便宜沒好貨」，這是自貶身價的行為，接下來，消費者就會和你殺價。

更何況，有時候，價格越低，市場反而越難做。高價的產品是有退路的，還有降價的空間和機會。一般消費者都認可降價，不認可漲價。如果已經是低價了，再想漲價就不容易了。

不要去管顧客是否買得起，有這麼一個案例：展廳裡擺放著四款車，價格分別為 60 萬元、70 萬元、80 萬元、90 萬元。顧客進店後，你會優先選擇哪款推薦給他？

A. 先詢問顧客的購車預算，再做相應推薦。

B. 優先推薦 60 萬元的。

C. 優先推薦 70 萬元的。

D. 優先推薦 80 萬元的。

E. 優先推薦 90 萬元的。

80％以上的人選擇了 A。為什麼要選擇 A？很多行銷人員就是這樣做的，一些銷售類書籍上也是這樣教的。當顧客來店的時候一定要做需求分析，其中就包括預算分析，然後再根據預算，有針對性地推薦。

汽車銷售中需要先詢問顧客的購車預算嗎？假設到餐館吃飯，你一坐下來，就會有服務員拿著菜單過來問：「先生，現在點菜嗎？」他們不會詢問你吃飯的預算是多少。你去買衣服，行銷人員就鼓勵你隨便試穿衣服，而不是先詢問你的預算。你到超市去買食品，也沒有人詢問你的預算。

你詢問了顧客的預算，他告訴你，他的預算是 65 萬元左右。那你是不是只能根據他的預算去推薦 65 萬元左右的車型？顧客會在這款車型上跟你討價還價，最後的成交價格還是在這個價位。不要去詢問顧客的預算，而是千方百計地把展廳裡面價格貴的產品優先推薦給他。

如何把高價貨賣出去？一家汽車銷售門市有個銷售顧問，他就從來不去詢問顧客的購車預算，而是先詢問顧客是否了解過他們的車型。如果顧客說了解過，他就根據顧客比較感興趣的車型，帶他去看具體的車子，一邊看一邊再詢問顧客的職業。

了解到職業訊息後，他就會跟顧客說，車子配備太陽春了，不適合他，推薦他配置更高、等級更高的車型。一般有 1 / 3 的顧客會改變自己原來的意向車型，而選擇更高價位的車型。

如果顧客對銷售的車型沒有太大了解呢？那就更好了。他會直接指著展廳裡面價格最高的那款車型對顧客說，那是他們店裡賣得最好的一款。這時顧客會對那款賣得「最好」的車型產生濃厚的興趣，於是就去看了。看車時，他會向顧客細緻地介紹產品豐富的配備，如有 GPS 導航系統、全尺寸天窗、全車安全氣囊、ESP 系統、環景式影像倒車雷達、真皮座椅等，基本上能想到的配備都有了。

如果顧客嫌貴，他就向顧客推薦價格稍微便宜一些的車

型。這時顧客發現,價格便宜了一些,但是配備卻少了,如價格 80 萬元的車型會比 90 萬元的車型少了 GPS 導航功能、兩個側面安全氣囊和影像倒車雷達。每降低一個等級,就會少一些配備。到 60 萬元的車型,除了各種配備之外,連內裝的顏色都不一樣了,輪胎的尺寸都小一號。

出現最多的情況是,顧客覺得,最低價位的車型上什麼值錢的配備都沒有,價格還要賣 60 萬元,於是就去選了較為高級一些的車型。還有一小部分顧客會選擇頂配的 90 萬元的車型。選定了之後,顧客就會在車輛保險、車身玻璃貼膜、腳踏墊、方向盤套、座椅套等配件上花更多的錢。

## ■ 行銷人員應該怎麼做

先介紹高價產品的建議如圖 6-1 所示。

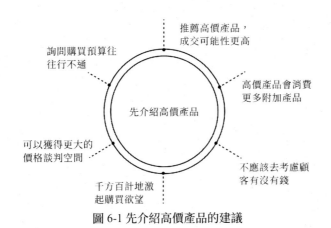

圖 6-1 先介紹高價產品的建議

（1）詢問購買預算往往行不通。顧客不喜歡行銷人員詢問自己的購買預算，就如同不喜歡別人詢問自己的薪資收入。顧客也不會把真正的購買預算告訴你，那意味著把價格底線暴露給你了，連殺價空間都沒有了，等於直接繳械投降。

（2）推薦高價產品，成交可能性更高。就像案例中一樣，顧客購買高價車型的可能性更高，把最貴的產品最先推薦給顧客，就相當於在他內心植入了「初戀」，當他再看其他車型時，內心總會想起第一個接觸到的車型。

（3）高價產品會消費更多附加產品。俗話說，好馬配好鞍，這是一種人人都會有的匹配心理。你買了 BMW8 系列，高品質大螢幕 GPS 導航系統不來一個？高級的全車座椅套、高級的車用音響系統不來一套？這些東西才是會帶來利潤的。

（4）不應該去考慮顧客有沒有錢。如果顧客確實買不起呢？那麼他有四種可能行為：找朋友借款買；找銀行貸款買；推遲一段時間，等存夠錢了再來買。以上三種，他都是「你碗裡的菜」。買不起，又不想走前面的三種購買路徑，他就會千方百計地購買和最高價產品最接近的產品，而不會去購買價格最低的。總之，他會盡力購買自己能力範圍內所能購買的最高價產品。

（5）千方百計地激起購買欲望。人是一種動物，而且是一種有感情、會衝動、貪得無厭的動物。聰明的行銷人員會把消費者的購買欲望激發出來。只要他的欲望超出了理智，就會衝動購買，最終成為你的囊中之物。

（6）可以獲得更大的價格談判空間。誰都喜歡價格優惠，而且優惠越多越好。所以推薦時，選價格最貴的，把產品的銷售價格盡可能往上報，然後再大方地把優惠讓出去，顧客要優惠的心理需求滿足了，行銷人員該保住的利潤也保住了。

# 不買空調不如就買點零食

人們在拒絕一個較大的要求後，對較小的要求接受的可能性就會增加。為什麼會這樣呢？消費者都有自我完善心理，每個人都希望維持一個良好的自我形象，進而獲得自信和幸福感，為此就會產生維護自身形象、完美自己的想法。

拒絕意味著不認同和傷害，當消費者拒絕別人的要求時，會覺得這是對自己善良友好、富有同情心等形象的損害，會對行銷人員產生愧疚的心理。這時，若行銷人員提出一個較小的要求，他們就不會再拒絕，正好給了他們一個機會來挽回形象，獲得心理平衡。

## ■ 大的賣不成，就賣小的

假設你是某家生產公司的代理或業務員，你不妨先問消費者需不需要電視、冷氣、洗衣機等，這些商品屬於大型的家用品。當對方拒絕你，關係有些僵化時，你可以馬上拿出一些小零食，「這裡是促銷的餅乾，50 元，就算你照顧我的生意了」，也許消費者就會購買了。

不買冷氣了，是買一把扇子，還是買一包零食，需要你仔細思考。關鍵是讓消費者感到，他的拒絕弄得行銷人員非常沒有面子，希望消費者給行銷人員留點面子，照顧自己的生意。為了更好地使人接受要求，在提出真正的要求前，先提出一個大要求，當大要求遭到拒絕時，再提真正的要求。這一方法適合和不熟悉的消費者進行交易，成功率還是很高的。

關鍵是大的商品和價格，並不是行銷人員的真正銷售對象，是想引起消費者拒絕，從而引起他們產生愧疚心理而實行的策略。當你的真正目的是前者的時候，這一方法意義就不大了。

## ■ 小配件上有大文章

電腦商場競爭異常激烈，價格非常透明。你不報低價，他報低價。最後，大家賣一臺電腦，可能就 1,000 到 2,000 元的利潤，甚至不到 1,000 元。所以，報價很有玄機。

顧客比較各家的報價，考慮的是重要的配件，如 CPU、記憶體、硬碟等，可是機殼、鍵盤、音效卡、音響，這些小配件品牌多，價格不透明，每臺賺你 200 元甚至 500 元，也不易被發現。

有一次，小張賣一臺印表機，報價比進價便宜 500 元，顧客聽完，又去其他店家打聽，最後回來說成交。這時，小張說耗材要另外選購，印表機不包括耗材，進價 100 元的耗材報價 300 元。

顧客因為事先只打聽了印表機的價錢，沒考慮耗材的問題，所以沒有猶豫就成交了。

其實，這些都是利用顧客的平衡和自我完善心理，鑽了漏洞。這和不買冷氣就買些零食是類似的，不同的是前者是隱蔽的，後者是明顯的罷了。

仔細揣摩其中的道理，對達成交易大有脾益。這種方法和問消費者加一個蛋還是加兩個蛋，是有很大區別的。當他們拒絕你後，就會考慮你的意見，或者痛痛快快地下個買東西的決定。很多顧客的錢，其實就是這樣被商家「偷走」的。

# 利用損益心理刺激購買欲望

　　每個人都有損益心理，會盤算買賣這個行為需要付出什麼，可以得到什麼，兩者比較會有什麼結果。當收益明顯大於付出的時候，顧客購買的機率就會大大增加。如果收益比較小，付出比較大，顧客就不願意做出購買行為。

　　想要促成一筆交易，首先要從提升顧客的收益感入手，讓顧客感覺「物超所值」。在「降低」顧客投入感的時候是做「除法」與「減法」，那麼，在「提升」顧客收益感的時候，就是幫助顧客做「乘法」和「加法」。

　　幫助顧客做「乘法」

　　顧客產生了一定的麻煩和痛苦，不妨試著將這些麻煩和痛苦再放大一些。比如，將它延伸到其他部門、將它按照5年和10年的標準來計算，就好比把同一個數字做幾次「乘法」後，就成了一個天文數字，顧客就感覺只需要小小的投入就可以解決這麼多的痛苦，實在太物有所值了。

　　可以將顧客的明顯性問題或者麻煩，變成燃眉之急的問題或者麻煩，顧客如果此時不將它解決，後果將不堪設想。這樣顧客就會感覺痛苦得不得了，趕快尋找解藥就成了必然

的選擇。下面是一個電話行銷人員與顧客之間對話的例子。

電話行銷人員：造成您部門未能完成銷售額的主要原因，一是行銷人員花了太多時間來處理現有顧客下單；二是行銷人員花費了太多時間回答常見的問題，無暇開發新的顧客。而這些讓您的部門每月損失約 20 萬元的營業收入，每年接近 240 萬元，對嗎？（第一次乘法，將每月損失擴展為每年，即放大了 12 倍。）

顧客：是的。

電話行銷人員：如果用 5 年的時間來計算，總體損失可能高達 1,000 萬元，可以這樣理解嗎？（第二次乘法，用 5 年作為一個週期來計算，等於 5 倍放大，前後就是 60 倍的放大，將每月損失 20 萬元放大為 1,000 萬元的總體損失。）

顧客：畢竟這個問題已經存在很長時間了。

電話行銷人員：除了您部門的員工之外，還有哪些部門因為未完成銷售目標而受到了影響？如人力資源部、管理部、廣告部，他們有受到影響嗎？（第三次乘法，將一個部門的問題放大到多個部門。）

顧客：這當然有。比如人力資源部吧，因為行銷人員的業績有限，所以流失率很高，而人力資源部就陷入了不斷應徵、不斷培訓、不斷流失、再不斷應徵的惡性循環。

電話行銷人員：如果真的無法完成銷售目標的話，針對

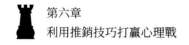
個人而言，公司中哪些人受到的衝擊比較大？

顧客：首先應該是我自己吧，畢竟我是負責這個部門的，其次應該是市場總監韓總以及公司副總經理李總。（第四次乘法，將痛苦關聯放大到公司主要管理層，從一個人延伸到多個人，而這些高層人士如果受到影響，只怕這位部門經理在公司的前途也會受到極大的影響。）

電話行銷人員：像您剛剛所說的那樣，不僅是行銷人員深受打擊而無法完成銷售目標，造成團隊的士氣低落，而且其他部門也會受到很大的衝擊，並且公司主要管理層也會因此而感到沮喪和壓力，是這樣嗎？

顧客：是這樣的。以前我們也採取過一些措施，但不是很有效，這也正是我和你談這麼久的原因所在。

電話行銷人員：是嗎，那太榮幸了……（接下來就是陳述產品是如何幫助顧客解決他遇到的問題的，相信這點大家都能夠做得很好。）

電話行銷人員幫助顧客做了多次乘法，將顧客的問題用清晰的方式逐步放大，其中特別值得學習的地方是將問題延伸至多個部門和管理層，放大對公司未來前途的影響。一個人在工作中主要有兩個追求，一個是求生存，另一個就是求發展。電話行銷人員在可能的情形下，都應該將這兩方面的影響清晰化。

## ■ 幫助顧客做「加法」

做「加法」就是要把所有可以給顧客帶來的利益做一個彙總，將顧客面臨的種種麻煩做一個直觀的累計，進而「提升」產品帶給顧客最終價值的感覺。下面是一家網路通訊企業的電話行銷人員與顧客的對話，銷售產品為一種新型的傳真服務即電子傳真。

電話行銷人員：不知道現在貴公司大概平均每天要收發多少份傳真？

顧客：這個倒沒有具體統計過。不過整個數量還是非常龐大的，每天發傳真的數量應該在 100 份左右，至於收傳真應該會少一些，不過 50 份應該還是會有的！

電話行銷人員：傳真多代表業務繁忙，那是件好事情呀！您這邊負責的是整個北區市場，按常理來講，在發傳真的時候，長途電話會比較多。這樣的話，每個月花在發傳真上的電話費支出也就比較多了，是嗎？

顧客：那當然！

電話行銷人員：那每個月花在傳真上的電話費大概有多少呢？

顧客：可能每個月都不相同，不過要是平均算的話，每個月六七百元應該是有的。（第一次做加法，起點是普通傳真的電話費為六七百元。）

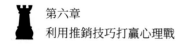
電話行銷人員：其實除了電話費之外，在發傳真的時候，我們還需要承擔相對應的文件紙張以及列印的費用等，您說呢？

顧客：是的，這個費用也有一些。

電話行銷人員：目前 A4 頁面的紙張每張在 0.07 塊錢左右，而列印一張的耗材差不多為 0.08 塊錢。也就是說，單張資料的成本差不多是 0.15 塊錢，如果一天以 100 張來計算，一天下來就是 15 元，一個月就接近 500 元了，可以這樣計算嗎？（第二次做加法，電話行銷人員將發傳真的耗材成本清晰定義為 500 元。）

顧客：可以，差不多就是這個費用！

電話行銷人員：單就發傳真而言，您這邊每個月的費用支出就是 700 元加上 500 元，共 1,200 元，是嗎？（將兩次加法做彙總，得出發傳真每個月需要 1,200 元。）

顧客：應該是的！

電話行銷人員：其實除了發傳真之外，收傳真看起來好像不要成本，不過實際上還是需要的。之前您提到您這邊用的是松本 F 系列傳真機，根據我的印象，它是需要傳真紙和色帶的，對嗎？

顧客：對，那臺傳真機的確需要傳真紙和色帶！

電話行銷人員：按照您所說的傳真量，每個月購買專用

傳真紙和色帶估計需要 400 元，不知道我說得對不對？（第三次加法，顧客收傳真每個月的耗材需要 400 元。）

顧客：應該差不到哪兒去！

電話行銷人員：如果將收發傳真兩方面的費用加起來計算一下的話，每個月發傳真費用為 1,200 元，加上收傳真費用 400 元，就是每個月 1,600 元，一年合計起來就接近 2 萬元，這中間還不包括大家排隊發傳真、撥電話、專人分傳真件等間接成本，這樣的理解可以嗎？

（彙總成一個月之後，再做一個乘法，將所有的利益用數字加以形容，最後累加起來，就成了一個龐大的數字。）

顧客：可以這麼理解，想不到算起來一年也要 2 萬元這麼多！

電話行銷人員：是呀，如果您使用電子傳真的話，全年的成本加起來還不到 5,000 元，對比一下您就會發現……

初次交易，顧客最關心的就是能不能獲得良好的收益。只要你告訴他，並讓他相信他可以獲得非常好的收益，顧客就會考慮你的建議。得到的好處是一個方面，減少的消耗、節約的東西，也是非常重要的。你需要幫助他們分析，刺激他們的購買欲望。

# 如何用讚美消除戒備心理

　　人人都有一種獲讚心理，這是人的共性。所謂獲讚心理，就是渴望獲得來自他人的肯定、表揚、讚美等，充分感受到自身的潛能和力量，進而獲得成就感、滿足感、榮譽感的一種心理體驗，當這種體驗比較正面和強烈的時候，就容易做出購買行為。

　　人的某種行為得到了他人的肯定和讚美時，會帶來一種積極、愉悅的心理感受，會對他人產生一種好感，不自覺地放鬆戒備。人們聽到別人說自己好話的時候，就會露出微笑，當聽到別人不友好的話語時，心裡就會感到厭惡，不舒服。

　　讚美別人是一門藝術，如果運用得當，它會變成一種犀利的武器，讓你戰無不勝，攻無不克。運用不好，會有拍馬屁的嫌疑，讓人覺得不夠真誠。

## ■ 顧客喜歡什麼樣的讚美

　　顧客喜歡有創意的讚美。從獨特的角度發現與眾不同的優點，從而「新奇」地讚美他，更容易讓顧客喜歡你。成

交的要點是，結合每位顧客的實際情況，對他們進行有針對性的讚美，把讚美說到顧客的心坎裡，進而輕鬆地達成交易。

顧客厭倦千篇一律的說辭。陳詞濫調或不著邊際的話會令顧客生厭。

審時度勢的讚美，必會觸動顧客內心深處的那根弦，使顧客心甘情願地與你交流。尤其是有其他顧客在場的時候，如果被發現你對所有顧客用的都是相似的說辭，會被認為是語言貧乏和不上進的行銷人員。

錦上添花未必會引起顧客的喜悅。例如，一位很漂亮的小姐走進你店裡時，你稱讚道：「您真漂亮！」雖然讚美很正確，但是，顧客平時已經被這樣稱讚慣了，很難產生喜悅感。反之，如果你能說：「您今天的髮型真特別！」結果就可能大不相同。

當顧客在潛意識中，產生「到這裡購物真開心」的親切感，就會光顧你的生意。所以，想要拉近與顧客的距離，讓顧客在短時間內接受你，就找到顧客身上一個不被他人注意的優點，有創意地讚美一番吧！

## ■ 創意讚美要遵循哪些法則

讚美的話不能千篇一律，關鍵是找到對方的特點。就像再美味的蔘湯喝多了也會膩，重複的讚美讓人生厭。

讚美一個人的行為或貢獻。顧客聽膩了讚美外表的話語，突然有人願意對他的行為或貢獻做出品評，顯得更加真誠。並且，更容易得到顧客的支持和欣賞。

讚美的內容要詳實、具體。毫無實際內容的讚美只會讓顧客覺得你出於功利心理，沒有關係強拉關係，所以讚美要具體到一個點上。

對於新買家，不要輕易讚美，表示禮貌即可。在還不是很熟悉的情況下，貿然去讚美買家，會讓其產生疑心甚至反感，甚至懷疑你故意獻媚。來看一個例子。

一位長相普通甚至中等偏下的女士走進一家首飾店。行銷人員說：

「美女，您需要什麼？」「隨便看看。」此時顧客心裡因為剛才的那聲美女，很不是滋味。行銷人員：「您看這條項鏈怎麼樣？配上您漂亮的臉蛋一定會使您更加美麗。」顧客：「不要不要！」說著，顧客轉身離開了。

對於那些長得標致的女子來說，用「美女」和「漂亮臉蛋」來讚美她們，倒也可以。可是在長相很一般的顧客看來，行銷人員這樣不合時宜的讚美卻是一種諷刺，銷售失敗

也是一種必然。

這位生氣的顧客又走進另一家首飾店。行銷人員問：「小姐，您需要什麼？」「隨便看看。」行銷人員：「您這條裙子好別緻呀！」顧客：「啊，是嗎？」她從剛才的生氣狀態中回過神來。行銷人員：「這種淡藍色與深藍色相搭配的色調很少見，您穿這條裙子，會顯得特別有氣質。」「您過獎了。」顧客有些不好意思了。「要是再配一條合適的項鏈，效果可能就更好了。」聰明的行銷人員終於轉入了正題。顧客：「是呀，我也這麼想，只是怕自己選得不合適。」最終，顧客在這家首飾店購買了一條自己滿意的項鏈。

每個人都有自己引以為傲的地方，聰明的行銷人員要根據每位顧客的特點，酌情為他們「戴高帽」。正如這位女士，雖然長得不漂亮，但她裙子別緻，顯得她很有氣質。行銷人員正是根據這一點來讚美她。而這位獲得了心理滿足的女士，自然也不會讓這位行銷人員失望。

## ■ 行銷人員應該怎麼做

行銷人員可以從以下四個方面尋找顧客的亮點，進行有創意的讚美，如圖 6-2 所示。

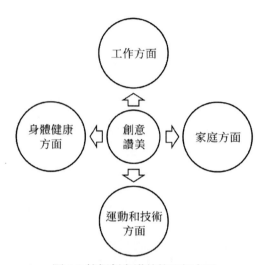

圖 6-2 挖掘創意讚美的四個方面

（1）工作方面。找出他在工作上的成功之處，如男士都希望自己的事業順利，所以行銷人員可以這樣說：「您真不簡單，年紀這麼輕，就把事業做得這麼好，真讓人羨慕。」

（2）家庭方面。每個人的家庭都有值得稱讚的地方。例如，另一半賢惠、孩子聰明、布置優雅、關係親密等。

（3）運動和技術方面。針對顧客的特長進行讚美，這些特長往往是一個人感到驕傲的地方。例如，「您的羽毛球打得太好了，改天我一定要向您請教」。

（4）身體健康方面。如果對顧客的工作、家庭和特長都不太熟悉，可以對顧客的身體健康加以讚美。例如，「您工作這麼忙，氣色怎麼還這麼好？可真是羨煞旁人啊」。

　　記住，成功的讚美可以拿下一筆交易，但失敗的讚美可以將事情搞砸。

　　讚美是一件好事，但絕不是一件容易的事。當顧客接受你的讚美時，離接受你的產品也就不遠了。

# 利用同理心建立認同感

　　行銷員在賣東西的時候，總是稱「我們」，簡簡單單的一個詞，就能瞬間拉近你與消費者之間的心理距離，生意也就更容易成交。這其實是同理心的妙用，站在消費者的立場上說話，更容易獲得肯定。

　　同理心，是指站在對方立場設身處地思考的一種方式，即在人際交往過程中，能夠體會他人的情緒和想法、理解他人的立場和感受，並站在他人的角度思考和處理問題。主要體現在情緒自控、換位思考、傾聽能力以及表達尊重等與情商相關的方面。

　　簡單地說，同理心就是將心比心，設身處地地為他人著想。商家和買家本是一對矛盾，有了同理心，才更容易達成交易。

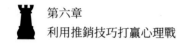
## ■ 多說「我們」，少說「我」

多說「我們」，少說「我」。從字面上看，就一個字的差別，但給人的心理感受卻完全不一樣。「我」字講得太多，會給消費者突出自我、標榜自我的形象，給人的感受是只知道賺錢，不考慮消費者的感受。無法形成同理心，消費者就很難接受你的產品。

「我們」這個詞，表明你站在雙方的立場上考慮問題，消費者會感受到你重視他們，從而產生一種朝著某一目標邁進的合作心理，彼此間就會理解和寬容。而且，對於消費者而言，購物也不是單純的購物，也想體會到你的尊重和關心。

## ■ 讓同理心主導銷售行為

銷售需要洞察和理解顧客的立場、需求，並針對性地調整溝通策略。

比如，顧客要去幼兒園接女兒放學，而你卻在不厭其煩地介紹產品；顧客根本不在乎錢，更看重產品的品質，而你卻說產品如何便宜。這樣做的最終結果，只會是顧客離你而去。

同理心弱的行銷人員「會盡力瞄準顧客，沿著自己的銷售路線前進；如果顧客沒有採取預期中的行動，銷售就會失敗」。同理心強的行銷人員「會覺察到顧客的反應，並能

根據這些反應做出調整。他能夠改變銷售節奏，做到進退自如，從而鎖定目標並完成銷售」。

　　站在顧客的角度考慮問題，商談也就容易了許多。為對方考慮不僅僅是推銷的祕訣，更是拓展人脈的關鍵。在雙方的交流中，讓對方對你產生一種親近感，有一種「自己人」的意識，信任的產生能夠讓溝通變得更加順暢。

　　怎麼讓對方感覺更親切「推銷之神」原一平說，一個傑出的推銷員，首先是一位優秀的市場調查員，其次也是一位出色的新聞記者。

　　有一次，原一平準備走訪某顧客，他提前對這名顧客進行了調查。原一平了解到顧客常常光臨一家服裝店訂購那裡的西裝，於是，他想到先從那位服裝店老闆下手來摸清顧客的情況。為了獲得顧客的好感，原一平特意從該服裝店訂購了一套與顧客一模一樣的西裝，不但衣袖、扣子一樣，而且連領帶都毫無差別。在約見顧客的時候，原一平特意換上這套服裝。

　　一碰面，顧客就感到非常吃驚，因為他看到原一平就如同看到鏡中的自己，所以不但沒有絲毫的違和感，反而覺得格外親切，他將這次「撞衫」視為「英雄所見略同」的緣分。一筆高額保單便這樣誕生了。

　　站在對方的角度制定行銷策略，往往能有事半功倍的效果。

## ■ 行銷人員應該怎麼做

根據同理心的要求，除了要在稱呼和語言上做出改變之外，還需要注意什麼呢？

有人總結出同理心「八同」的行銷法則，這是一種尋找與顧客相同或者相近的點，在最短的時間內與顧客建立信賴的方法，如圖 6-3 所示。

圖 6-3 同理心「八同」的行銷法則

（1）同姓氏。在產品銷售的過程中，經常遇到行銷人員與顧客的姓氏相同的情況，行銷人員就可以以此為切入點來建構與顧客之間的信任。例如：「李先生，我也姓李，我們可是一家子，像您這樣成功的人士，以後還請多多指點我！」

（2）同愛好。相同的愛好會非常容易地增進人與人之間的交流，人們總是喜歡跟愛好相似的人在一起。正所謂，物以

類聚、人以群分。如果在與顧客的溝通中，恰好顧客的某個愛好與你的愛好一致，那麼這也是與顧客建立信賴的機會。

（3）同鄉。人在他鄉遇到了自己的老鄉正是人生四大喜事之一。老鄉很容易回憶起鄉情、鄉音，那麼溝通起來就變得更加容易，也更加容易讓人相信。在產品銷售過程中，如果恰好遇到同鄉，可以主動進行介紹，並透過適度的讚美來拉近彼此的距離。

（4）同經歷。相同的經歷會有相同的感受，相同的感受會有很多共同的話題，而共同的話題又給我們進一步溝通提供了很好的機會。如果在產品銷售的過程中，行銷人員恰好有一部分經歷與顧客的經歷相似，就可以與顧客就相同經歷進行深入溝通。

（5）同窗。如果顧客曾經讀書的學校與行銷人員曾經讀書的學校一樣，那麼，就可以利用它來與顧客進行溝通。在偶然的機會見到了在一所學校讀書的校友，大家有共同的學習經歷，那麼彼此就容易建立起信賴的關係。

（6）同語氣。面對說話快的顧客，你的語速也要快一些；面對說話慢一些的顧客，你的語速也不妨慢一些；當顧客說話斬釘截鐵的時候，你也不妨斬釘截鐵一些。語氣的相同代表著你們有共同的地方，就是性格方面有接近的地方。

（7）同性別。相同的性別有著類似的視角、類似的人生

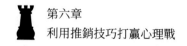
觀、類似的價值觀。在產品銷售的過程中,可以合理地使用相同性別來與顧客進行溝通。

例如:「吳姐,我們做女人的真是不容易,既要照顧家庭,又要照顧孩子,生活壓力真的挺大的!」這樣就容易拉近與顧客的距離。

(8)同身材。身材相同可能有著類似的生活習慣。例如,恰好你與顧客都身材比較胖,那麼你就可以與顧客交流減肥的經驗;如果你與顧客身材都比較健壯,那麼你就可以與顧客交流健身的經驗。

想成為一名優秀的行銷人員,先用「我們」來代替「我」吧,並且要時不時地說給對方聽,以激發你們之間的同理心。「同理心」行銷方法最核心的內容在於構建行銷人員與顧客之間的信任,與顧客成功達成共識,才能實現銷售產品的目標。


## 不要碰觸顧客的底線

行銷也要懂得適可而止,否則事情會越來越糟。每個人都有心理底線,心理底線是消費者在內心保護自己的一道防線,這是一種心理安全的需要。

人與人交流，不同的人有不同的心理底線，一旦被人觸及，便會出現不良的後果，而且一般都會非常嚴重。

## ■ 考慮消費者的心理

行銷人員要明白消費者在想什麼，多換位思考，切實考慮消費者的利益，然後琢磨消費者的心理底線，做到進退有度。千萬不要給人咄咄逼人的感覺，否則就容易將本來可以達成的交易搞砸。

有的消費者喜歡自己做主，不喜歡被人強求。如果強加推銷，就會反感。有的消費者希望被平等對待，不能接受性別、年齡、相貌等歧視。這時，商家一旦觸及了消費者的心理底線，那麼對方很可能會翻臉走人。

在自己賺錢的同時，需要考慮消費者的利益。即便一次性買賣，也不要以賺取高額利潤為唯一目的。不是一次性買賣，在賺取利潤的同時，要滿足消費降價的要求，給對方一定的殺價空間。

你覺得這樣做有點傻，有點吃虧，但做生意就是要懂得細水長流，價格實在，才能獲得消費者的信任，從而獲得長期購買。只懂得一次性買賣的人，絕不是好的行銷人員，做一次性買賣的企業，早晚面臨倒閉的危險。

## ■ 行銷人員應該怎麼做

為了不觸碰顧客的心理底線，甚至繞開它直接達成交易，在推銷的時候，如圖 6-4 所示的幾個方面是你必須要做到的。

詳細地介紹產品　　指明存在的危險　　用案例證明產品的好處

圖 6-4 不觸碰顧客底線的三個方面

（1）詳細地介紹產品。過於誇大宣傳自己的產品，有欺騙的嫌疑。很多人在推銷的時候，完全迴避產品的缺陷，雖然能夠讓產品變得完美，能夠對顧客形成很好的誘惑力，但是顧客一旦使用這個產品，發現了沒有事先被提醒的產品缺陷，就會感覺上當受騙了。

（2）指明存在的危險。很多產業都存在假冒產品，安全危機無法避免。顧客在選擇這些產品時，容易把自己推到危險的境地。讓顧客意識到購買正品或者品牌產品的重要性，然後適時介紹自己產品的正品屬性，產品安全才能有保障。

（3）用案例證明產品的好處。用事實來證明自己產品在安全和效果上的體現，是最明智和有說服力的手段。網友的

現身說法、專家的推薦等，都可以提升自己產品的知名度，獲得消費者的青睞。俗話說，空口無憑，應用案例可以打消顧客的疑慮。

## ■ 如何突破心理防線

想要突破消費者的心理防線，不是不可以，而是需要方法和技巧，以及實實在在的優惠，只有這樣，才能吸引他們主動放棄自己堅持的觀念。

（1）設定一個既能實現自身利益又可以讓顧客接受的底線，為此可以對自己銷售的產品或服務進行科學評估。底線的設置不僅僅侷限於產品或服務的價格，還包括預付款、成交價等，這需要行銷人員全面考慮。

（2）有技巧地提出要求，既要超出底線，又要確保顧客有興趣繼續與你溝通。要在提出的要求與底線之間有目的、有技巧地讓步，不要讓顧客產生「施一點壓力就能獲得一部分讓步」的感覺。

（3）爭取實現自己和公司與顧客的共贏。不要冒著破壞長期顧客關係的風險追求一次交易的巨額利潤。可以說，這一步是真正考驗行銷技巧的時候，顧客往往不會同意你的底線，希望你一再降價，而你又要說服他們接受你的提議。

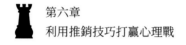
## ■ 怎麼設置消費底線

在設置底線時，行銷人員需要注意以下問題。

（1）利益實現原則。利益既包括行銷人員個人的人格、尊嚴、經濟利益等，也包括行銷人員代表的公司利益。如果不能使自身獲得利益、減少損失，那麼這樣的底線就沒有絲毫意義。

（2）考慮顧客接受範圍。行銷人員與顧客之間的關係應該是一種雙贏關係，只有實現這種雙贏，才能達成交易，並且維持更持久、密切的顧客關係。行銷人員只考慮利益最大化，絲毫不考慮顧客的要求，只能使整個銷售溝通陷入僵局。

## ■ 進攻與防守的運用

行銷人員與顧客之間的溝通，更多時候是進攻與防守的綜合運用。例如，行銷人員：「如果購買量達不到 100 箱的話，就不能享受八折優惠。」（「100 箱的銷售量」屬於進攻行為，「八折優惠」為防守策略。）顧客：「如果產品的價格不能享受七折優惠的話，那我就只能選擇其他產品。」（「七折優惠」是進攻行為，「不購買產品」為防守策略。）

在進攻與防守策略靈活運用的各個溝通環節當中，行銷人員應該學會掌控整個溝通局面。要想掌控全局，在每次與

顧客溝通的過程中，行銷人員都需要事先確定一個合理的底線，如產品價格不能低於多少、顧客最晚不能超過多長時間付清貨款等。

如果不能事先確定一個底線，行銷人員就很容易處於被動局面，使自己喪失許多利益。如果行銷人員事先準備充分，確定一個合理的底線，那麼在與顧客溝通時就會擺脫被動局面，從而有效實現自身利益和公司利潤。

你想突破消費者購買的底線，就請設計一套詳細精密的行銷術，並且產品品質要有保障。給消費者一點的尊重、關愛和真誠等，作為行銷人員的人格魅力會更加顯現，從而吸引更多的消費者。人都有互惠的心理，你給消費者一分的尊重，對方自然會給你一定的好處。

# 第七章
## 用一句話抓住顧客的心理

　　孔子說，一言可以興邦。行銷人員如果能抓住消費者的心理特點，加以勸誘，一句話就可以贏得消費者的好感。反之，如果只是自說自話，答非所問，甚至觸犯消費者的心理禁忌，不管你怎麼努力，消費者也不會買帳。

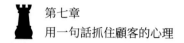
# 理智型消費者

　　很多消費者決定實施購買行為時，主要考慮的是自己是
否在價格性能等方面得到實在的優惠。如果他們認為購買沒
有達到自己的心理預期，不管行銷人員怎麼說，都很難促使
他們交易。對於這類消費者，一定要告訴他們，他們能得到
什麼樣的優惠和利益。

## ■ 理智型消費者的特點

　　他們的特點是原則性強、購買速度快、確認付款快。這
類消費者在做出購買決策之前一般經過仔細比較和考慮，胸
有成竹，不容易被打動，不輕率做出決定，決定之後也不輕
易反悔。他們最關心產品的優缺點，重視價格，一心尋求經
濟合算的商品，並得到心理上的滿足。

　　他們一般受教育程度比較高，購物遵循一定的規律。他
們通常在生活中是很負責任的一類人，在購買商品之後，會
本著對賣家負責的態度及時確認付款，給予評價，還會在好
評裡做簡短描述。

　　他們的期望值高，購買行為傾向於理智。訊息來源和通

路越來越多，消費者能在不同產品和服務之間做出比較和判定。針對這種理智的購買行為，要使之相信，他所選中的商品是最物美價廉的、最合算的，要稱讚他很內行，是善於選購的顧客。

針對這類顧客，行銷一定要做理性訴求。如果強行向他們推銷宣傳，容易引起這類買家的反感。無法以理性的態度成功勸說，顧客將會認為你的專業知識不夠，而失去信任。

## ■ 對銷售語言進行改進

正面評價他們的購買行為，可以用完美、謹慎、有條理來概括，用負面評價來評價他們，可以用死板、神經質（理智過度）來概括。和他們溝通，你需要詳細的資料和數據分析，注重條理、邏輯、守時、講信用，語言中要多用「第一、第二……」或者「首先、其次、最後」等字樣。

一家超市裡，一位大約 40 歲的知識女性在認真、仔細觀看保健品。

行銷人員：「大姐，您好！買保健品呀？」

顧客：（沒有答話，也沒有抬頭，繼續自己觀看產品。）

行銷人員：「是自己吃還是送人的？」

　　顧客：（還是沒有答話，也沒有抬頭，繼續自己觀看產品。）

　　行銷人員：「大姐，您看這西洋蔘口服液賣得挺好的，大品牌，真材實料，吃了有效果，也放心！」（見顧客的眼光落在西洋蔘口服液上，行銷人員隨即這樣介紹。）

　　顧客：（仍然沒有答話，也沒有抬頭，繼續自己觀看產品。）

　　行銷人員：「大姐，要不您看看這個產品，養心健腦、延緩衰老，特別適合像您這樣工作壓力大的知識分子服用！」（行銷人員拿下產品，遞給顧客。）

　　顧客：「哦。」（顧客終於開口，接過產品。）

　　行銷人員：「您看配方，西洋蔘、三七、五味子，每種都是珍貴補品！對於像您這樣的知識分子經常出現的頭暈、失眠有很好的作用！大姐，您睡眠好嗎？」

　　顧客：（放下產品，還是沒有任何表情，也沒說任何話，離開了保健品專區。）

　　行銷人員：「真難侍候，半天不說一句話，一看就不是來買東西的！」

　　（行銷人員鬱悶地自言自語。）

　　從顧客的行為、心理表現來分析，該顧客冷靜、不喜歡說話、不太容易向對方表示友好等，可推斷出該顧客屬於理

智型的消費者。與這類顧客的溝通技巧為注重條理、邏輯及詳細的資料和數據分析。在這個例子中，行銷人員由於沒有「閱人術」，沒有針對性的溝通技巧，沒用到該類顧客最關心的數據、資料分析，自然打動不了顧客。另外，理智型顧客較敏感，不喜歡別人探究其隱私，故行銷人員直接提問「大姐，您睡眠好嗎」明顯不妥！

以下是銷售語言所做的改進。

行銷人員：「您好！」（刪去「買保健品」這句多餘的廢話，只是微笑打招呼表示歡迎即可。）

顧客：（沒有答話，也沒有抬頭，繼續自己觀看產品。）

行銷人員：「是自己吃還是送人的？」

顧客：（沒有答話，也沒有抬頭，繼續自己觀看產品。）

行銷人員：「大姐，我猜您一定是大學老師或研究人員之類工作的吧！」（以猜身分、暗讚的方式接近顧客。）

顧客：哦。（不肯定也不否定。）

行銷人員：「大姐，您可以看看心腦保健的第一品牌的產品，它具有養心健腦、延緩衰老的保健作用，特別適合因為忘我工作而體力、精力透支的知識分子服用！」（行銷人員拿下產品，遞給顧客。）

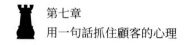

顧客：哦。（接過產品，但也沒說其他多餘的話。）

行銷人員：「這款產品中西醫相結合，各成分相互協調，先清後補，對於像您這樣的知識分子經常出現的頭暈、睡眠不足有很好的作用！」

顧客：「先清後補？先清什麼？後補什麼？」（顧客被行銷人員的專業、條理性說辭打動。）

行銷人員再加上「首先、第一、第二」等有條理性的關鍵詞及數據、資料分析，讓顧客心有所動，感到在性能方面可以得到實在的幫助，他們就會對和你交流產生興趣。如果顧客開口參與到銷售對話中來，銷售就成功了一半。

上面的例子是關心產品性能的顧客，關鍵是讓他們感到產品可以給他們帶來真實的利益，可以在生活、工作、健康等方面獲得一定程度的提升。

還有一類顧客，主要關注價格等方面的因素，這時也可以模仿例子中的方法，換一套說法，引起他們的興趣。

## 感覺型消費者

心理學的研究表明，人的良好性格特徵，如諒解、友誼、誠實、謙虛、熱情等是促使行銷雙方關係和諧的重要心

理品質；相反，冷淡、刻薄、嫉妒、高傲，容易導致人際關係緊張。行銷人員應努力培養自己良好的性格特徵。

感覺型消費者，僅憑直觀感覺與情緒來購買商品。他們受廣告、環境、情緒的刺激，從而產生一定的購買行為。對這類消費者，一定要表現出自己的真誠，尤其是在態度、服務、環境等方面創造非凡的直覺體驗，使他們產生難以抵擋的購買誘惑。

這種類型的顧客只要談得愉快，價格不是問題。他表現得好面子，不拘小節，愛占小便宜，講的話基本上跟產品沒有多大的關係，對店面的產品表示每款都很喜歡，又拿不定主意買哪一款。

感覺型消費者的購買行為往往是由情緒和感覺引發的，容易受產品外觀、廣告宣傳或相關人員的影響，決定輕率，易於動搖和反悔。他們購物時完全由感覺決定，經常買一些用不著的東西。

在交談的過程中，要多跟這種類型的消費者話家常，多提起跟他有關的朋友熟人。在其猶豫不決時，行銷人員要耐心推薦，多說哪一款能顯示其身分和品味，讓其在消費過程中感覺美滋滋的，突出其優越性。

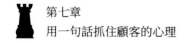
## ■ 感覺體驗成為關鍵

　　感性層面正越來越受到消費者關注，成為消費者評價商品的依據。商品提供給人們的不僅僅是滿足生理需求的物質利益，還有滿足心理需求的精神利益。購買可以使消費者找到感情的寄託、心靈的歸宿，用當代人最流行的一句話講，叫作「花錢買感覺」。

　　某著名香菸廣告以美國西部牛仔作為其個性表現形象，以充滿原始西部風情的畫面襯托著矯健的奔馬、粗獷的牛仔，突出了男子漢放蕩不羈、堅韌不拔的性格，從而彰顯了硬漢本色；反映了人們厭倦緊張忙碌、枯燥乏味的都市生活，懷念並試圖獲取那種無拘無束、自由自在鄉野情趣的情感補償。廣告喚起了消費者的一種感覺體驗。其實即使一天抽一條香菸，也成不了一個牛仔，卻可以從感覺上達到對世俗塵囂的某種排遣和解脫，從而使人得到一種情感上的補償。

　　消費者容易受商品外觀、品質、體驗、廣告等的影響。由於人的訊息量80％來源於視覺，就算不是感覺型的買家也喜歡逛漂亮的商店，做好商品的描述和店鋪裝修就成了重頭戲。感動他們，要讓他們有看一眼就想要的感覺。

## ■ 行銷人員應該怎麼做

與感覺型顧客交易，你需要注意哪幾點呢？如圖 7-1
所示。

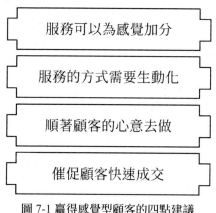

服務可以為感覺加分

服務的方式需要生動化

順著顧客的心意去做

催促顧客快速成交

圖 7-1 贏得感覺型顧客的四點建議

（1）服務可以為感覺加分。將服務執行貫徹始終，切忌
三天打魚、兩天晒網。服務從根本上來講就是展示產品的一
個重要窗口，那種游擊戰式的服務寧可不要，否則，最終傷
害的還是產品本身。

（2）服務的方式需要生動化。走近消費者，傾聽消費者
的心聲，為其提供心貼心的親情化溝通，不僅滿足消費者的
心理需求，同時更滿足消費者的精神需求，讓消費者感到非
常體貼的人性化關懷。

（3）順著顧客的心意去做。這類顧客往往個性較鮮明，有較強的個人主見。對待這類顧客，應該順其心意，說到點子上，讓顧客內心觸動；凡是顧客愛聽的、想聽的話，我們就說出來；凡是顧客不關注、不想聽的話，我們就堅決「閉嘴」，避免「言多必失」。

（4）催促顧客快速成交。這類顧客在某個時間內購買意願會非常強烈，但是，一旦過了這個熱度，這類顧客往往就變成無效顧客了——因為顧客根本就不想購買了。在消費者感覺非常良好的時候，提出購買要求，他們往往不會拒絕。

總之，對感覺型的顧客，要打動他們，不管是你的產品、服務，還是你的真誠，抑或獨特的設計、優雅溫馨的環境等，只要觸動了感覺的神經，他們就會支持你的生意。未來是體驗和個性化的時代，如果不能打動顧客，你的行銷終將難以持久。

## 外向型消費者

外向型消費者的典型特徵是，買與不買態度鮮明，在購買過程中熱情活潑，喜歡與行銷人員交換意見，主動詢問有關商品品質、使用方法、品種等方面的問題，易受商品廣告

的感染，言語、動作、表情外露。

開朗熱情是這類顧客共有的表現形式，他們善於交際、積極樂觀、反應迅速，使人感到親切、自然。由於他們的口才較好，反應敏捷，行銷人員一定要保持清醒的頭腦，確保自己的主動地位，有條不紊地向他們推薦產品，以免亂了自己的陣腳。

不過，這類顧客有一種微弱的抗拒心理，一見推銷員就會說：「我不想買，只是看一看。」推銷員大可不必理會他，只要商品使顧客滿意，使他喜歡，他自己就會忘記自己說過這樣的話。

還有一種比較挑剔的顧客，一進店就會對產品指指點點。即使行銷人員跟其關係處得很好，只要某一方面沒有達到其要求，他就會要求給一個說法。遇到此類愛吹毛求疵的顧客，要多說讚美之辭，給足其面子。這類顧客對價格很敏感，第一次報價就要給一個合理的價格。

外向型消費者對於優良的商品，總是不自覺地充當義務宣傳員。當然，如果他對商品不滿意，也會勸說別人不要上當。他們喜歡幫別人出主意、提建議，幫助他人選購商品。他們的評論和意見常常是根據自己的切身體驗提出的，這就大大增強了訊息的可信程度，人們也相信來自這些人的訊息。

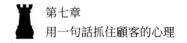
## ■ 看準他們的愛好

　　和外向型的消費者交易，要看準他們的愛好，言談舉止能夠引起他們的共鳴，在價格方面做出一點讓步。催促他們購買時不要囉唆，因為他們討厭囉唆的人。不要和他們談興趣之外的東西，除非你不想和他們交易。

　　有一位業務員去一家公司銷售電腦，偶然看到公司總經理室的書架上擺放著幾本金融投資方面的書。剛好業務員對於金融投資很感興趣，就和這位總經理聊起了投資的話題。兩個人聊得熱火朝天，從股票聊到外匯，從保險聊到期貨，聊最佳的投資模式，結果聊得都忘記了時間。

　　直到中午的時候，總經理才突然想起來，問這名業務員：「你銷售的那個產品怎麼樣？」這名業務員立即抓住機會做了介紹，總經理聽完之後就說：「好的，沒問題，就簽合約吧！」從相識、交談到最終的熟悉，就在於彼此間找到了「金融投資」這個雙方的共同點。

　　要想和對方有「共鳴」，關鍵是找話題。有人說：「交談中要學會沒話找話的本領。」所謂「找話」就是「找共同話題」。尋找共同話題對於和外向型顧客交易非常重要。初次與他們交談時，首先要熟悉對方，消除陌生。

　　你可以設法在短時間裡，透過敏銳的觀察初步地了解他他的髮型、服飾、領帶、說話時的聲調及眼神等，都可以提

供線索。如果顧客是高層管理人員，了解他便會有更多的依據：牆上掛的畫，櫃子裡放的擺設，書櫥裡的書等，都會自然地向你袒露關於主人的情趣、愛好和修養等。

有了好話題，就能使談話自如。好話題的標準是：至少有一方熟悉，能談；大家感興趣，愛談。要想使交談有味道，談得投機，談得其樂融融，雙方就要有一個共同感興趣的話題，要能夠引起雙方的「共鳴」。只有雙方有了「共鳴」，才能夠溝通得深入、愉快。

## ■ 行銷人員應該怎麼做

和外向型顧客交談，具備以下人格魅力，會讓你如虎添翼，如圖 7-2 所示。

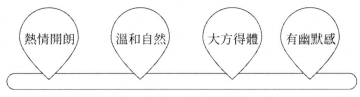

熱情開朗　　溫和自然　　大方得體　　有幽默感

圖 7-2 行銷人員的人格魅力

（1）熱情開朗。熱情會使人感到親切、自然，從而縮短與對方的感情距離，同你一起創造出良好的交流思想、情感的環境。但過分熱情會使人覺得虛情假意，有所戒備。開朗表現為坦率、爽直。具有這種性格的人，能主動積極地與他

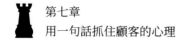
人交往，並能在交往中汲取營養，增長見識，培養友誼。

（2）溫和自然。表現為不嚴厲、不粗暴。具有這種性格的人，願意與別人商量，能接受別人的意見，使別人感到親切，容易和別人建立親近的關係。言談舉止自然，不做作，不故作高深。行銷人員需要給人這種感覺。

（3）大方得體。行銷人員需要參加各類社交活動，所以一定要講究姿態和風度，做到舉止大方，穩重而端莊。不要縮手縮腳，扭扭捏捏；不要毛手毛腳，慌裡慌張；也不要漫不經心或咄咄逼人。

（4）有幽默感。行銷人員應努力使自己的言行言談風趣、幽默，能夠讓人們覺得因為有了你而興奮、活潑，並能讓人們從你身上得到啟發和鼓勵。


## 內向型消費者

有的消費者愛發表自己的意見，並喜歡和行銷人員交談，但有的消費者則沉默寡言，不愛說話。對這類消費者，在進行產品介紹時要親切，主動詢問他們的需要，盡量讓他們多說話，多說自己的消費意向，從而推薦適合他們需求的產品，促成購買。

　　內向型消費者的典型特徵是，在購買活動中沉默寡言，動作反應緩慢，面部表情變化不大，內心活動豐富而不露聲色，不善於與營業員交談，挑選商品時不希望他人幫助，對商品廣告冷淡，常憑自己的經驗購買。

　　他們對外界事物比較冷淡，和陌生人會保持一定的距離。面對行銷人員的熱情，他們的反應一般不會強烈。他們對行銷人員的服務態度、言行舉止較為敏感，對產品也較為挑剔。對於他們，行銷人員應改變滔滔不絕的介紹方式，簡單寒暄過後，直接進行產品介紹。

　　他們能獨立地挑選商品，不易受商品廣告和營業員的商品介紹影響。

　　遇到了認準的商品時，會迅速購買。對待內向型的消費者，行銷人員要靠自己敏銳的觀察力來掌握其心理。一般可以從喜好和注意對象著手，進而用客觀的語言介紹商品，往往能使消費者盡快實現購買。

　　內向型顧客不願意將自己的訊息透露給行銷人員。他們心思非常縝密，對數據、價格很敏感，個人主觀意識很強，不會因為行銷人員的熱情而下單，而會透過再三的比較與對比最終確定。行銷人員不要胡亂給顧客承諾，要給出一個合理的優惠價格，讓顧客自己決斷。

　　他們缺乏判斷力，經常猜度別人的想法。他們不僅關心

商品本身，還關心有多少別的買家買了這個商品，關心別人對這個商品是怎麼看的。以網路購物為例，如推出了人氣商品、推薦商品等，讓每個人都能看見別人公開的購物清單，這些都是契合這類買家心理的地方。

## ■ 打動他們，生意才好做

這種類型的顧客在銷售過程中說話很少，很難從其面部表情看出心中的想法。通常的話語表現形式是，銷售人員人員問：「房子裝修開工了沒有？」

顧客要麼不回答，要麼說準備裝。銷售人員問：「你房子在哪區啊？」

顧客答：「就在附近。」銷售人員問：「你們家的櫥櫃有多大啊？」顧客答：「一面是 2.5 公尺，另一面是 3 公尺。」

小建是一家手機店的經營者，每天都要接待很多客人。他發現，內向型顧客往往流失率很高。內向型的人都比較敏感，如果感到行銷人員說錯話，就會為之緊張，用冷漠將自己封閉在孤獨的小世界裡。

如果你能用真誠打動他，他們比外向型的顧客更好做生意。

有一天，一位先生來店裡看手機，櫃臺行銷人員主動跟他打招呼，熱情地詢問對方需要什麼樣的手機。每次被詢

問，這位先生都只是說自己隨便看看，到每個櫃臺前都匆匆地瀏覽一下就迅速離開了。面對行銷人員的詢問，這位先生顯得有些窘迫，臉漲得通紅，轉了兩圈，感覺沒有適合自己的手機，就準備要離開了。

小建根據經驗，判斷出該顧客是一個內向靦腆的人，並且斷定顧客心中一定已經確定了某一品牌的手機，只是由於款式或者價格等原因，或者由於被剛才那些行銷人員輪番「轟炸」，有些不知所措而一時失去了主意。小建很友好地把顧客請到自己的櫃臺前，他溫和地說：「先生，您是不是看上某款手機，但價格方面感到不合適？您要是喜歡，價格可以給您適當的優惠，這邊比較安靜，到這邊再商量一下吧！」

顧客果然很順從，小建請他坐下，與他聊起天來。

小建並沒有直接銷售手機，而是用閒聊的方式說起自己曾經在賣手機時，因為不善言辭而出醜的事。他說自己是個比較內向的人，但開店這幾年變化挺大。與顧客聊了這樣的話以後，顧客對他產生了一定的信任感，不知不覺中主動向小建透露了自己的真實想法。

小建推薦了一款適當的機型，並且在價格上也做出了一定的讓步。在給顧客實惠的同時，小建還留了自己的電話給顧客，確保手機沒有品質問題。最後，顧客終於放心地購買了自己想要的手機。

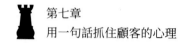

　　可以說，小建透過旁觀就對顧客的性格了如指掌。他很明白，內向的顧客由於不善表達，往往用冷漠來保護自己脆弱的自尊，溝通起來很困難。

　　他們可能已經看中了某一商品，卻在價格上感到有些貴，更害怕別人會說他買不起好貨而默默走開。讓這類顧客在無聲無息中離開，對於店主來說實在是一大筆損失。只要你像小建一樣肯坐下來很溫情地幫他消除顧慮，讓他感覺到善意和安全，他就會對你表達出善意。

### ■ 行銷人員應該怎麼做

　　對待內向型顧客的建議如圖 7-3 所示。

> 務必取得顧客的信任

> 給予顧客強而有力的正面暗示

> 不要因顧客的表現打退堂鼓

圖 7-3 對待內向型顧客需要注意的三點

　　（1）務必取得顧客的信任。內向型顧客缺乏判斷力，如果他對你的產品感到滿意，就會變成你的忠誠顧客。從容溫和地回答，打消顧客的質疑，就會很容易得到內向型顧客的信賴。針對他們決策力較差的弱點，可以經常為他們提一些有建設性的建議。

（2）給予顧客強而有力的正面暗示。遇到這種顧客，不僅可以把商品的功能、外界的廣告宣傳盡量展示，也可以把別人的好評展示出來。很多網路商店專門把顧客評價作為一個頁面展示出來，都是在增強買家的信心。

（3）不要因顧客的表現打退堂鼓。他表面上看起來對店主及其推銷的商品都表現得滿不在乎，不會發表任何意見，但他其實在認真地聽，並已經對商品的好壞進行思考。內向型顧客嘴上不說，但是心中有數，他們一旦開口，所提的問題大多很實在、尖銳，並且會切中要害。

# 果斷型消費者

果斷型消費者的典型特點是，在購買活動中，目標明確，行為積極主動，按照自己的意圖購買商品。購買決定較少受購物環境影響，即使遇到困難，也會堅定購買決策，購買行為果斷迅速。

果斷型消費者判斷力很強，在消費者選購商品時，可以透過分析、比較，對商品的優劣進行判斷。判斷力強的顧客能迅速果斷做出買或不買的決策，這種能力也表現在對商品的使用中，能迅速發現商品的優劣，做出正確的評價。

比較強勢的果斷型顧客對外界的控制力和自我控制力都很強，喜歡支配人，強勢、動作大、聲音大，語氣多用命令式，喜歡說，不喜歡聽。注重權威，目標感明確，講求效率，討厭浪費時間。

銷售話語的改進在一個家樂福賣場，某品牌保健品促銷銷售人員正在與一位欲買產品的顧客對話。對方是一名30多歲的男性顧客，他大踏步地直接來到產品的貨架前，直接拿起一盒就要走。（注意幾個關鍵動作：強勢、動作大、目標感明確、講求效率，屬於目標明確且較果斷、直接的顧客。）

行銷人員：「先生買 A 產品呀，它是幫助睡眠的，你睡眠不好嗎？」

（行銷人員說話直接、果斷，還略帶強勢的質問。）

顧客：「我當水喝，可以吧？！」（語氣生硬，有點厭煩行銷人員的這種直接的銷售方式，對行銷人員的支配欲開始反感。）

到此，行銷人員本應意識到該顧客可能屬於「強勢」的性格，所以應馬上調整溝通策略，轉強勢為示弱，變支配為被支配。但行銷人員並沒有調整說話的風格。

行銷人員：「你別當水喝呀！這水也太貴了吧！你倒不如看看另一款 B 產品，它解決睡眠問題，可以治本。」（行銷人員沒有退縮，可惜沒有多少「閱人術」，當然也無法做

出相應的跟進，只是堅定地繼續按自己的銷售方式銷售。）

顧客：「我就要這款，給我拿兩盒，幫我放到收銀臺！」（顯然顧客有點被激怒，聲調提高，語氣強硬，支配別人的欲望大增。）

行銷人員：「先生，其實 B 產品真的挺好的！」（面對突如其來的訓斥，行銷人員有點慌了手腳，語調漸漸沒了底氣，變得有點自言自語了。）

顧客：「你快一點行不行，我還有事呢！」（顧客繼續滿足自己的支配欲，聲調再次提高。）

分析：

（1）促銷人員缺少親和力。在沒了解顧客需求，沒找到顧客的心靈按鈕的情況下匆忙銷售且語氣較硬，直接質問顧客，好像在懷疑顧客的購買選擇，第一句話就讓顧客感覺被支配，引起他的反感。

（2）從第一句話說出後，從顧客的回應就可以基本揣摩出顧客的性格，即不喜歡被別人支配。此時應迅速根據顧客的反應調整銷售溝通話術，方能扭轉銷售態勢，可惜行銷人員沒有馬上調整，仍我行我素，繼續按照自己的銷售思維銷售產品，導致銷售失敗。

銷售語言改進以下。

行銷人員：「先生，買Ａ產品呀，它是幫助睡眠，你睡眠不好嗎？」

顧客：「我當水喝，可以吧？！」

行銷人員：「哦，先生說話真有趣，Ａ產品當水喝，您真是第一人！」

（微笑，輕鬆調侃地跟進，馬上調整說話方式。）

顧客：「我就要這款了，給我拿兩盒！」（行銷人員語氣不像上例那麼強硬，於是「幫我放到收銀臺」這句帶有強烈支配欲的話也沒有說出來，但性格使然，說話語氣仍顯命令式。）

行銷人員：「好，大哥，我幫您拿，看得出來，大哥是個爽快人幫您工作真有活力！大哥一定在哪當老闆吧？看您這麼乾脆、果斷！」（示弱、讓其支配，然後靜觀顧客反應，再見機行事，繼續幫顧客拿上兩盒Ａ產品，邊走邊聊。）

行銷人員：「把Ａ產品當水喝呀！真有你的，真會創新，大哥何不找一種您當水喝的搭配的主食，Ｂ產品由內調理，加上Ａ產品的強力助眠，相得益彰，效果更佳！」（透過示弱、讓其支配、避免直接的對立和不同意，最後再來表現自己的專業形象，更易打動對方。）

## ■ 行銷人員應該怎麼做

對待果斷型顧客應該注意的事項如圖 7-4 所示。

圖 7-4 對待果斷型顧客需要注意的三點

（1）逐步展開行銷措施，效果更好。針對果斷型顧客支配性較強的特點，溝通時先示弱，讓其支配，避免直接對立和不同意，逐步展開自己的行銷，效果更好。一定不要在他們面前逞強，否則顧客會在極為反感的情況下，做出一些不配合的舉動。

（2）告訴他們，他們的選擇是對的。他們主動詢問你，你可以根據他們的要求，推薦幾款產品。在肯定他們選擇的情況下，想一想怎麼使他們既買了自己中意的產品，又可以買你推薦的產品，這樣，他們不但不會生氣，還會感激你。

（3）表現出專業形象。這類顧客果斷、有魄力，甚至霸道、武斷。和他們溝通時，可以稍微示弱，讓其支配，避免直接的對立，表現專業形象，做好充分的準備工作。

# 猶豫型消費者

　　輕信的消費者，行銷人員推薦什麼，他們往往就買什麼。而猶豫型的消費者不願意相信他人。針對消費者對商品存在的疑慮，要拿出客觀有力的證據，如說明書、品質保證書等，幫助他們打消疑慮。行銷人員最好盡量讓顧客自己去觀察和選擇，態度不能冷淡。

　　猶豫型消費者的典型特點是，顧慮重重，遲遲不做決定。對待這類消費者，行銷人員需要拿出十二分的耐心，針對其顧慮，從產品的價格、性能、作用、使用方法以及顧客自身狀況等方面入手，多角度反覆說明，而且要有理有據，增加說服力。

　　猶豫型消費者往往比較消極，購買意圖不明確。這類消費者的購買行為是否實現，與行銷人員的行為態度有極大關係。行銷人員應積極接待，並善於利用一些廣告宣傳手段來激發他們的購買衝動。對待這種顧客，不要表現得太積極，以免讓其感覺有點緊張。

## ■ 給他們千挑萬選的機會

這類消費者對於商品的選擇往往優柔寡斷。例如,在藥品零售產業中,顧客在購買藥品時,針對藥品的特殊性與安全性,顧慮表現得更為明顯。

對於適應症相似的藥品,往往猶豫不決,不知如何取捨。

一名中年女顧客來藥店購買眼藥水,一會兒請店員拿這種,一會兒又拿那種,店員向其詢問症狀,顧客只表示要自己考慮。片刻功夫,櫃臺上已經擺著六七種不同類型的眼藥水。這個看看,那個看看,到底應該選哪個呢?顧客一時也做不了決定,只好對店員說:「不好意思,麻煩你,我再看看……」店員看其猶豫不決,便不耐煩道:「都差不多,品牌不同而已。」顧客聽罷便空手轉身離開。

這名中年女性在購買商品時,總是把幾種不同的商品都拿出來比較一下,就算不同品牌生產的同一種商品,也要反覆多看幾遍,這就屬於典型的猶豫型顧客。行銷人員在接待這類顧客時,應該耐心、周到。可以主動拿出幾種藥品請顧客自行比較、選擇,關鍵時候給予其意見,以滿足他們的購買欲求。店員不該不耐煩地說「都一樣」或者「沒什麼好比較的」等讓顧客不滿的話。

　　一位大爺研究了半天咳嗽藥，再三比較下，終於拿了幾樣比較「順眼」的藥品，便向店員詢問哪種藥更好。店員發現其中有一種是公司規定的主推品種，便機靈地指著它說：「這種不錯。」

　　大爺半信半疑地指著另一種說：「這種藥最近廣告做得挺好，而且是某明星代言的，效果應該也不錯。」

　　店員立即附和：「是的，這種也挺好的！」

　　大爺又指著第三種說：「這種是糖漿，服用挺方便的，而且是老牌子，應該也可以的。」

　　店員立刻點頭說：「確實是……」

　　由於接二連三的提問都得不到明確的答覆，大爺也失去了選擇的能力，最後只得放下藥品對店員說：「等醫生開了藥方我再來買吧……」

　　老年購買者在購買商品時，心理不穩定，容易接受別人的意見，以及受到廣告宣傳的左右，往往行動謹慎，選擇比較慢，疑心較大。有時可能由於猶豫不決而中斷購買行為，想買而又害怕上當受騙。店員在接待這類顧客時，不宜「一味附和」或者「喧賓奪主」，一定要把自己放在稱職「參謀」的位置上，在尊重他們意見的同時表達自己的觀點，這樣可以減少顧客的疑慮。

## ■ 行銷人員應該怎麼做

顧客難免會表現出猶豫不決、左右為難的樣子，這時該如何應對呢？

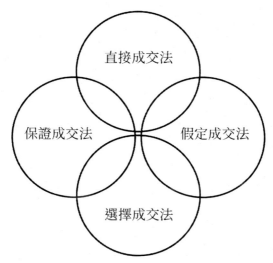

圖 7-5 對待猶豫型顧客的四種成交方法

（1）直接成交法：行銷人員可以向消費者主動提出成交的要求。使用直接成交法的時機是，顧客對推銷的產品有好感，也流露出購買的意向，發出購買信號，只是一時拿不定主意，或不願主動提出成交要求。

（2）假定成交法：行銷人員在假定顧客已經接受銷售建議，同意購買的基礎上，透過提出一些具體的成交問題，直接要求顧客購買商品。例如：

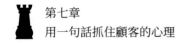

「張小姐妳看，這套護膚品妳還能和妳媽媽、姐姐一起用，我們這款產品沒有年齡界線，功效也很明顯。」

（3）選擇成交法：直接向顧客提出若干購買的方案，並要求顧客選擇一種購買。例如：「這套產品，你要一套還是兩套？」還有「我們周二見還是周三見？」行銷人員所提供的選擇事項應讓顧客從中做出一種肯定的回答，而不要給顧客拒絕的機會。

（4）保證成交法：行銷人員直接向顧客提出成交保證，使顧客立即成交。例如：「您放心，保證好用，你家樓上就有好幾戶人家用我們的產品。」

產品的單價過高，或者顧客對此種產品並不十分了解時，行銷人員應該向顧客提出保證，以增強信心。

# 第八章
## 利用環境達成交易的方法

　　有一個著名的定律，叫作「7秒鐘定律」，面對琳瑯滿目的商品，消費者只需要7秒鐘，就可以確定是否需要該商品。在這短暫的7秒鐘之內，環境的設計就特別重要，包括產品的設計和擺放、色彩和音樂的運用等，成為決定人們對商品喜好的重要因素。

# 商品怎麼擺放是一門藝術

　　商品的擺放一要滿足消費者求美心理，也就是說，怎麼擺放看起來更美觀；二要滿足消費者方便心理，也就是說，擺放要方便消費者去挑選。

　　如果一件商品的擺放，讓消費者看不見或拿不到，都會打擊消費者的購買情緒。

## ■ 合理陳列商品，可以增加銷售額

　　據統計，店面如果能正確運用商品的配置和陳列技術，銷售額可以在原有基礎上提高 10％。合理陳列商品有助於展示商品、刺激消費、方便購買、節約空間、美化購物環境的各種重要作用。

　　一家服飾店老闆透過將其店內模特兒身上的衣服一天之內更換 3 到 4 次，將銷售額提升了 30％。原來他發現，不少消費者會根據模特兒身上的服飾陳列暗示來購買商品。早上學生路過最多，下午是家庭主婦，晚上則是散步老人，這三類人對服飾的需求不同。於是店主決定在白天時段展示更多青春和時尚的女裝，而到了傍晚，則換上價廉物美的中老年休閒裝。

一名顧客買了一瓶啤酒，看見旁邊有開瓶器，就順帶買了一個開瓶器，然後記起過幾天要請客，所以再走幾步，看到了陳列精緻的玻璃杯，又挑選了一組玻璃杯。本來顧客只想買一瓶啤酒，結果因為買啤酒，而買了開瓶器，買了玻璃杯，甚至連杯墊也一起買了。

陳列面積的變化也會引起銷售額的變化。對於相同的商品，改變顧客能見到的商品陳列面會使商品銷售額發生變化，陳列的商品越少，顧客見到的可能性就越小，購買機率就低。即使見到了，如果沒有形成聚焦點，也不會形成購買衝動。

商品的陳列關係到消費者的購買欲望，即使水果蔬菜，如果像精美圖片那樣排列，商品的美感照樣可以激起顧客的購買欲望。所以，行銷人員在擺放商品的時候，要考慮消費者的心理需求。

## ■ 商品陳列高低不同，銷售各異

商品陳列高低不同，會有不同的銷售額。以 2 公尺高的貨架為例，依陳列的高度可將貨架分為以下四段。

（1）2 到 1.6 公尺為上段，此段一般陳列次主力商品即推薦品，這個位置手可拿到，顧客抬頭可以看到。

（2）1.6 到 1.2 公尺為黃金段，此段視覺效果最好，最

容易與顧客的目光形成聚焦，引起顧客的注意，一般陳列高毛利商品。

（3）1.2 到 0.6 公尺為中段，手最容易拿到，此段為次黃金位置，主要陳列低毛利商品、補充性的商品或次主力商品。

（4）0.6 公尺以下為下段，一般陳列整箱商品或體積大、容量大的商品。

根據實踐經驗，在平視及伸手可及的高度，商品售出的機率為 50%；頭上及次要高度售出機率為 30%；高於或低於視線之外，售出機率僅為 15%。

## ■ 超市商品怎麼陳列

超市商品陳列的主要位置以下。

（1）貨位區。屬於正常的陳列區，陳列在貨架上的商品講究整齊、美觀、潔淨。

（2）走道區。為了吸引顧客的注意力，突出促銷性和新型商品，常在大走道中央設置平臺或籃架陳列優惠商品。

（3）中性區。指走道與貨位的鄰界區，一般進行突出性陳列。

（4）端架區。指整排貨架的最後端和最前端，也是顧客流動線的轉彎處，被稱為最佳陳列點。一般陳列當季商品、

促銷商品、新產品、廉價商品等。

　　商品放滿陳列要做到以下幾點：貨架每格至少陳列三個品種，暢銷商品的陳列可少於三個品種，確保品種的數量。就單位面積而言，平均每平方公尺要達到 11 到 12 個品種的陳列量。

　　提高日常銷售額最關鍵的是黃金段位的銷售能力。調查顯示，商品在陳列中的位置進行上、中、下的調換，商品的銷售額會發生以下變化：從下往上挪的銷售一律上揚，從上往下挪的一律下跌。「上段」陳列位置的優越性是顯而易見的。

## ■ 系列商品怎麼陳列

　　系列商品應該縱向陳列。人的視覺規律是上下垂直行動方便，顧客在離貨架 30 到 50 公分的距離挑選商品，就能清楚地看到 1 到 5 層貨架上陳列的商品。視覺橫向行動時，就要比前者差得多，當顧客距貨架 30 到 50 公分挑選商品時，只能看到橫向 1 公尺左右距離內陳列的商品。實踐證明，縱向陳列能使系列商品體現出直線式的系列化，使顧客一目了然。系列商品縱向陳列會使 20% 到 80% 的商品銷售量提高。縱向陳列還有助於給每個品牌的商品一個公平合理的競爭機會。

當商品暫時缺貨時，要採用銷售頻率高的商品來臨時填補空缺商品味置，但應注意商品的品種和結構之間關聯性的配合。放滿陳列只是一個平面的設計，實際上，商品是立體排放的，更細緻的研究在於，商品在整個貨架上如何立體分布。

不過，產品線很長的品牌需要區分對待。將它們縱向陳列，雖然整體上看陳列得非常整齊，但會使某些品牌占據賣場貨架的主要段位。現在，有些門市會在縱向陳列與產品的類別上做一個選擇，將產品線比較長的產品分成若干個部分，以增強商品之間的競爭性，便於顧客比較。

對於商品陳列來說，不管陳列得多好，時間久了，消費者也會失去對其的感覺，留下一成不變的印象，這是由消費者的求新心理決定的。所以商品陳列應該定期更換，換商品、換地方、換組合、換搭配，以保持消費者對商品的新鮮感，刺激購買欲望。


## 星巴克為什麼屹立不搖

一杯普通的星巴克咖啡，動輒 100 至 150 元，對於大多數人來說明顯有些貴，但要想喝一杯，往往還要排隊。是因為它口感好，顯示身分嗎？遠遠不只於此。

## ■ 創造消費體驗心理

星巴克在消費者的需求重心由產品轉向服務，再由服務轉向體驗的時代，成功地創立了一種「消費者體驗心理」。消費者體驗心理是指對某種商品的領悟，以及感官或心理所產生的情緒，也就是一個人在使用產品或享受服務時心裡的感覺，如愉悅、滿足等。

在普通消費中，買賣雙方的關係是我要買，你要賣，交易完成就走人。

在體驗消費中，消費不是一種產品，而是一種服務，是一個過程。當消費結束的時候，留下的將是對過程的心理體驗，它美好卻又轉瞬即逝，消費者要想再次獲得這種體驗，就得再來。

消費體驗心理很難用數量指標來衡量，當今的年輕人常用來表達感受的詞彙，如「爽」「酷」等能在這裡派上用場。如果你的產品和服務可以讓消費者感受到「爽呆了」「酷斃了」，那麼一定可以吸引消費者的注意，並使他們產生良好、深刻的印象。

## ■ 出售體驗文化

出售體驗文化成為星巴克制勝的重要因素。與其說消費者到星巴克是為了喝咖啡，倒不如說是為了享受喝咖啡的時

光、環境與心情，享受一種休閒的方式。這看似本末倒置，但實際上卻成了星巴克的最大王牌。文化不僅僅關乎咖啡，更關乎一種生活態度，一種時尚體驗，一種品味象徵。

優雅的小提琴獨奏、三色咖啡壺的陳列、咖啡的香濃、服務員的熱情以及店主的好客，在這些細節上，到處都彰顯著星巴克的個性。除了對咖啡豆的精挑細選、對烘製工藝的精益求精之外，每件商品的陳列、每種顏色的選擇都要經過專門設計，所有的標語、音樂、香味都要風格一致，用於營造咖啡文化的浪漫。

## ■ 營造家的氛圍

人們的滯留空間分為家庭、辦公室和除此以外的其他場所。麥當勞努力營造家的氣氛，力求與人們的第一滯留空間——家庭保持盡量持久的親情關係；作為一家咖啡店，星巴克致力於搶占人們的第三滯留空間——休閒空間。星巴克不是單純地賣咖啡，咖啡只是一種載體，透過它把一種獨特的格調傳遞給顧客。

咖啡的種類繁多，消費者的選擇性較大，你可以喝到任何一種咖啡，大、中、小杯，濃的、淡的，也可以根據自己的偏好選擇活潑、濃郁、粗獷、低咖啡因四大口味。產品的多樣化能滿足不同或同一個消費者不同的體驗感受需求，給

他們帶來極具吸引力的體驗。正因如此,星巴克才會深受
「小資」的歡迎,成為小資文化的重要組成部分。

## ■ 融入文化娛樂元素

很多人都已經習慣了工作日帶著從星巴克買的咖啡去上
班,在 COSTA 約見顧客進行商談,而周末和朋友小聚往往
是在上島咖啡……咖啡館已經不知不覺地滲入我們的生活,
而與之相關聯的是不同的場景和不同的氛圍。

與此相對應的是,星巴克從不做廣告。星巴克認為咖啡
不像快餐,咖啡有其獨特的文化性,贊助文化活動對星巴克
形象推廣很重要。比如,上海舉行的 APEC 會議,星巴克就
是主要的贊助商。正是因為星巴克獨特的文化理念,才使得
一杯成本只需 3 美分的咖啡,在星巴克可以賣到 3 美元。因
為它賣的不是咖啡,而是享受。

如今,星巴克的野心已經遠遠超過了咖啡領域,而更希
望成為一個全新的娛樂平臺。音樂和電影正是它實現野心的
最佳突破口。星巴克已經成立了自己的唱片公司,未來所推
出的音樂作品,在星巴克連鎖店也可購買,這將是星巴克又
一次大膽的嘗試。

星巴克把傳統的微火慢煮咖啡的方式改為快餐式煮法,
然後不自覺地把消費者需求的重心由產品轉向服務,在服務

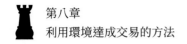
中營造浪漫的氣氛,再由服務轉向體驗,成功創立了一種以「星巴克體驗」為特點的「咖啡宗教」。

## 如何打開消費者的聲色之心

恰當地運用和組合色彩、聲音等要素,可以刺激感官,引起消費欲望。

所謂感官行銷,是指企業經營者在市場行銷中,利用人體感官的視覺、聽覺、觸覺、味覺與嗅覺,開展以「色」悅人、以「聲」動人、以「味」誘人的銷售,其訴求目標是創造體驗的感覺,有效觸發購買欲望。

色彩可以引起情感共鳴,一家飯店地處繁華地段,服務周到熱情,但開業後生意很冷清,消費者一進店門掉頭就走,令老闆百思不得其解。老闆的一位教授朋友實地觀察後,認為問題出在飯店的牆壁、餐桌、地板全是紅色的。

他告訴飯店老闆,紅色是一種視覺衝擊力很強的色彩,大量的紅色會令人心煩意亂。

於是,老闆把所有的地方都改成了淡綠色,包括桌椅和地板。不過在營業中,又出現了新的煩惱,消費者就餐完畢後,不肯離去,大大影響了翻桌率。經過教授朋友的觀察,

發現是把桌椅和地板顏色也更改了的緣故，需要恢復成紅色。果然，改變以後，翻桌率提高了。原來，餐桌保留紅色，能促進消費者的食慾，但如果逗留時間過長，又會令人煩躁，促使他們離開。

感官元素除了可以引起強烈的大腦印象外，還能引起消費者的情感共鳴。例如，紅色具有熱烈、興奮的情調，綠色具有冷靜、穩定的情調，藍色具有憂鬱、悲哀的情調等。

雀巢公司的色彩設計師做過一個有趣的實驗，他們將同一種咖啡倒入紅、黃、綠三種顏色的咖啡罐中，讓十幾個人品嘗。品嘗者一致認為，綠色罐中的咖啡偏酸，黃色罐中的咖啡偏淡，紅色罐中的咖啡味道很好，於是雀巢決定用紅色罐包裝咖啡。

## ▓ 聲音可以促進消費

消費場所播放的音樂，能對消費行為有非常重要的促進作用。行銷人員可以自由選擇各種曲調、曲風的音樂，只要使消費者聽過之後願意進入商店並進行消費，目的就達到了。

青少年經常光顧的賣場宜播放流行音樂，追求時尚潮流的地方適於播放流行音樂、鄉村音樂等，中產階級經常光顧的餐廳可以播放爵士樂或器樂曲等，奢侈品消費場所可以播

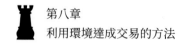
放高雅的古典樂曲，超市可以播放管弦樂隊的經典曲目等。無論播放何種音樂，目的都是延長消費者的消費時間。

## ■ 感官行銷的模式

　　感官行銷可以分為視覺、聽覺、觸覺、味覺等幾種模式。視覺行銷指透過視覺刺激的方式達到銷售目的，包括陳列設計、賣場 POP 設計和店鋪設計等。聽覺行銷指利用美妙或獨特的聲音，吸引消費者的聽覺關注。觸覺行銷指透過在觸覺上為消費者留下難以忘懷的印象，宣傳產品的特性並刺激消費者的購買欲望。味覺行銷指以特定氣味吸引消費者關注、記憶、認同以及最終形成消費。

　　某 C 購物藝術中心和眾多的主流購物中心相比，體積偏小，只有 3,800 平方公尺。在眾多業態中，C 購物中心從消費者的感官角度，打造全方位的體驗感受。

　　在視覺方面，C 購物中心力求不斷讓消費者看到新的東西，在商場所有重要的通道、各個樓層、主要的商家門口都擺放了藝術品，還有專業的導覽講解，顧客也可以拿著地圖做 DIY 的體驗。

　　在味覺方面，C 購物中心有自己專屬的味道，是非常好聞的香草氣味。

　　C 購物中心做過一個調查，女性比較偏好這種味道。消

費者在商場停留的時間更長，使得 C 購物中心可以和消費者進行更多通路的互動。

在聽覺方面，C 購物中心在每個樓層都安裝了音樂系統，配合業態。一樓是國際品牌，聽到的是經典音樂；二樓是年輕人的樓層，聽到的是歡快的流行音樂；三樓、四樓是餐飲樓層，聽到的是有助於胃口大開的音樂。一樓還有一個很大的中庭廣場，可以聽到各種大自然的聲音，如鳥叫聲、動物的聲音、風和水的聲音。

在觸覺方面，C 購物中心有很多互動體驗的地方，如有一個復古照相館，消費者可以拍一些復古的照片。C 購物中心有很多藝術品，並鼓勵消費者和藝術品進行親密接觸，提高消費者的觸覺體驗。

C 購物中心透過巧妙地組合這些感官元素，讓消費者感受到藝術品帶來的魅力。另外，像藝術品的擺放，都是很有講究的。C 購物中心有各種各樣的考量，所有體驗從合作開發階段就要進行，一直到合作營運結束。

行銷人員需要特別重視色彩、聲音等要素對消費者感官的影響。在賣場中，要做好整體的規畫。成功的規畫應該有層次感、節奏感，能吸引消費者進店，並喚起消費者的購物欲望。一個沒有經過要素規畫的賣場，消費者容易產生視覺疲勞。

# 營造良好的購物氣氛

好的氣氛、環境能讓人的心靈來一次自由的旅行，消費者能夠迅速放鬆，減少戒備和牴觸的情緒，在這個時候向顧客銷售產品也更加容易。營造氣氛，主要包括營造店鋪內的環境氣氛、顧客、行銷人員之間的談話氣氛，以及熱銷氣氛等方面。

## ■ 營造暢銷的環境氣氛

一場演出，如果沒有營造出比較熱烈的氣氛，顯得冷場的話，無論你的演出多麼精彩，恐怕也達不到很好的宣傳效果。銷售也是一樣，張燈結綵，親朋好友互相捧場，站滿披著綢帶的迎賓小姐等，都是為了引人注目、招來消費者。

氣氛是吸引顧客注意力的最直接要素。營造一種溫馨、親切的氛圍，能讓顧客感到賓至如歸；營造一種活潑、亮麗的氛圍，能吸引顧客的目光；

營造一種與眾不同的特殊氛圍，能讓顧客過目不忘、印象深刻。具體包括門市內外、顧客活動區、門市空間、門市特殊區域等場地的裝飾亮點，並圍繞產品展示陳列、促銷訊

息發布等因素進行重點設計。

　　有效利用產品廣告和促銷訊息發布，也可以活躍店面氣氛。如果將促銷訊息張貼在醒目的位置，能更有效地利用消費者喜歡占便宜的心理，吸引更多顧客到來。在製作促銷訊息的時候，包括海報、紙架、掛架等 POP 宣傳形式，還包括對門市的背景牆、燈箱、櫥窗、專櫃等區域進行產品形象的包裝和宣傳，這是門市氛圍「動」的因素。

## ■ 建立愉悅的談話氣氛

　　在行銷人員與顧客的交流談話之中建立起的談話氛圍也十分重要。無論是在銷售洽談，還是在其他任何談話之中，雙方都希望建立起一種輕鬆愉快的氛圍。要營造這種氛圍，行銷人員需要掌握一些「竅門」。

　　美國的一家玻璃器皿公司放棄了零售商店，採取家庭聚會的方式銷售。聚會的主人召集了一些朋友，滿面春風地與大家聊天，為大家端茶送水，然後不失時機地要求大家購買產品，結果使銷售量大大增加。

　　有的行銷人員總是認為，顧客沒有上門，自己在店鋪裡默默等著就行了。其實，在沒有顧客上門的情況下，行銷人員也要貨不離手，營造出一種匆忙的、充滿生機的氛圍。就算和同事拿著貨物聊天，也比散漫地閒聊或者乾脆呆呆地站

立好一百倍。如果店員呆呆地站在櫃臺旁，甚至有些人會打起哈欠，當顧客上門時，看到的是整個店內呈現出死氣沉沉的氣氛。

有一次，一個老闆看到一家商場內的店員忙忙碌碌，彷彿隨時都有很多顧客需要他們招待一樣。仔細一看，才知道他們在擺設商品，不過他們是將左邊的搬到右邊，然後又將右邊的移到左邊，看上去是一些毫無意義的忙碌，但是卻令人感到生機勃勃。

後來，這個老闆回去之後在自己的一家五金店嘗試了這一點，發現情況確實大不一樣，這個月的利潤比以往任何一個月都高。這時他才恍然大悟，製造一種良好的氣氛，打破店內死氣沉沉的局面，對於銷售來說如此重要。

## ■ 營造熱銷的氣氛

熱銷的氣氛有時候也需要營造，只有這樣，才能使自己店鋪的生意得到改觀。大部分消費者都有一個特性，相信大眾的眼光。因此，銷售中可以充分運用這種從眾心理，營造出熱銷的氣氛來吸引消費者的注意力。

一家飯店，剛開業的時候，因為沒有名氣，很長時間內生意都非常冷清。老闆突然有了一個主意，他打電話給自己的朋友，請他們每天來吃晚飯，條件是必須開著車來，沒有

車就是借車也要開著車來，車的等級越高越好。朋友們也不知道是怎麼回事，但既然是請客，那就來吧。晚上，這家飯店的門口停滿了各種高級汽車。沒過多久，人們驚奇地發現，這家飯店的生意突然間好了起來，每天都門庭若市，吃飯還要排隊。

要製造出熱銷的氣氛。開始的時候，哪怕是假象，也要吸引消費者來了解產品，認可產品品牌。只要熱烈的氣氛能夠製造得成功，產品銷售總會有一定程度的提高。有了人氣，就不怕產品賣不出去，因為消費者在好奇心的影響下，一定會來。

消費者的購物行為，70%以上的決定都是在購物環境中做出的，衝動性消費占了很大一部分。所以，製造良好的購物氣氛，對銷售有著非凡的貢獻和巨大的意義。銷售氣氛的營造和提升絕非小事，是值得每位行銷人員花力氣研究和學習的。

# 第九章
## 價格中暗藏的玄機

　　價高，品質也高，僅僅是一般的市場規律，在具體的定價過程中，措施和技巧的使用是多種多樣的。只要你明白定價中的那些玄機，根本不用出去跑，更不用擔心被屢次拒絕，就可以輕輕鬆鬆透過好的定價將產品賣出去。

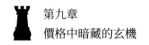
# 不可不知的數字祕密

一個筆記本標價 49 元，一件衣服標價 399 元，從理性的角度看，這些數字和整數相差無幾，但仔細觀察，你會發現以「9」結尾的東西總是賣得最快。你可能會說，消費者總是希望以最小的支出換取最大的滿足，當然也對，但這背後有更深層的心理原因。

哪些數字經常被「定價」

消費者都有一種心向，當接受了一種刺激物或刺激信號以後，馬上會根據以往的經驗或生活習慣而建立起相應的準備狀態，它將不自覺地對人的活動產生影響。99 元與 100 元對比定價，理性認知時，雖然是一樣的，但受到心向的影響，消費者對這些價格的反應是不一樣的。

99 元比 100 元雖然只少了 1 塊錢，但消費者在心理上會把 100 元歸入 100 多元的範疇，99 元則會被歸入 90 多元的範疇。按照消費者的心向，1 到 9 屬於一個價格帶，一旦超出 9 轉到下一個整數，就屬於另一個價格帶了。這是「畸零定價法」。

在超市，經常可以看到降價促銷的價格，舊的價格被寫

在新的價格旁邊並被劃去。通常，劃去的價格是個整數，新的價格往往是以 9 結尾的。

這些小細節會讓消費者感到，兩個價格之間有很大的差距。而且，原價往往是印刷字體的，折扣價則是在旁邊用筆寫的，這樣正式和非正式的寫法，給消費者一種很便宜的感覺。

國外市場調查發現，商品定價時所用的數字，按其使用的頻率排序，先後依次是 5、8、0、3、6、9、2、4、7、1。那些帶有弧形線條的數字如 5、8、0、3、6 等似乎不帶有刺激感，易為顧客接受；而不帶有弧形線條的數字如 1、7、4 等相較而言就不大受歡迎。這就是「弧形數字定價法」。

在亞洲，很多人喜歡 8 這個數字，認為它會給自己帶來發財的好運；4 因為與「死」同音，被人忌諱；7，人們一般感覺不舒心；6，因老百姓有六六大順的說法，則比較受歡迎。

由於人類每隻手有 5 個手指頭，每隻腳有 5 個腳趾，我們更傾向於 5 或 10 的倍數的數字。除此之外，將每件商品價格精確到分，讓人感覺不可靠。

## ■ 行銷人員應該怎麼做

除了上面提到的定價方法，以下方法也是商家經常使用的定價方法，如圖 9-2 所示。

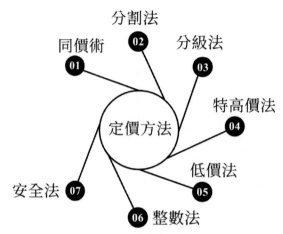

圖 9-2 商家經常使用的定價方法

（1）同價術。在國外，比較流行的同價術還有分櫃同價銷售，如有的小商店開設 1 分錢、1 塊錢商品專櫃，而一些大商店則開設了 50 元、100 元、200 元商品專櫃。

英國有一家小店，起初很不景氣。一天，店主靈機一動，想出一招：只要顧客花 1 英鎊，便可在店內任選一件商品（店內商品都是同一價格的）。儘管一些商品的價格略高於市價，但仍招來了大批顧客。

（2）分割法。價格代表了消費者口袋裡的金錢，要讓他們感受到只付出了很少一部分，而非一大把。分割法是一種心理策略，賣方定價時，採用這種技巧，能造成買方心理上的價格便宜感。價格分割包括下面兩種形式。

▸ 用較小的單位報價。例如，茶葉每公斤 500 元報成每 50 克 25 元，米每噸 25,000 元報成每公斤 25 元等。巴黎地鐵的廣告是：「只需付 30 歐，就有 200 萬名旅客能看到您的廣告。」

▸ 用較小單位商品的價格進行比較。例如，「每天少抽一支菸，就可訂一份報紙」「使用這種電冰箱平均每天只用 0.2 元電費，只夠吃一根冰棒！」

（3）分級法。商品價格是否合理，關鍵要看顧客能否接受。只要顧客能接受，價格再高也可以。分級法就是看著消費者的錢包定價，將商品分成不同級別。一般根據收入高、中、低定價，劃分為幾個等級，每個等級品質水準和工藝都不相同。

（4）特高價法。特高價法即在新商品開始投放市場時，把價格定得大大高於成本，使企業在短期內能獲得大量盈利。特高價法只適合獨一無二的商品或很稀缺的商品。如果你推出的產品很受歡迎，而市場上僅此一家，就可賣出較高的價。

有一家商店進了少量中高級女外套，進價 1,580 元一件。該商店的經營者見這種外套用料、做工都很好，色彩、款式也很新穎，在市場上還沒有出現過，於是定出 3,280 元一件的高價，居然很快就賣完了。

（5）低價法。先將產品的價格定得盡可能低一些，使新產品迅速被消費者所接受，優先在市場取得領先地位。由於利潤過低，能有效地排斥競爭對手，使自己長期占領市場。這種方法適合一些資金雄厚的大企業。在應用低價方法時應注意：高級商品慎用；對追求高消費的消費者慎用。

（6）整數法。對於高級商品、耐用商品等宜採用整數定價策略，給顧客一種「一分錢一分貨」的感覺，樹立商品的形象。

美國的一位汽車製造商曾公開宣稱，要為世界上最富有的人製造一種大型高級豪華橋車，價格定為 100 萬美元。為什麼一定要定個 100 萬美元的整數價呢？這是因為，高級豪華的超級商品的購買者，一般都有顯示其身分、地位、富有、大度的心理訴求，100 萬美元的豪華轎車，正迎合了購買者的這種心理。

（7）安全法。價格定得過高，不利於打開市場；價格定得太低，則可能出現虧損。因此，最穩妥的是將商品的價格定得適中，消費者有能力購買，經銷商也便於推銷。安全定價通常是由成本加正常利潤構成的。例如，一條牛仔褲的成本是 300 元，根據服裝產業的一般利潤水準，期待每條牛仔褲能獲得 100 元的利潤，那麼，這條牛仔褲的安全價格就為400 元。安全定價，價格適合。

　　各種數字的運用，都是為了讓消費者感覺此時的商品比平時的商品便宜了一些，這樣他們就會獲得更大的滿足。之所以會這樣，在於消費者的決策受參考值的影響，他們總是拿現在的價格和以前的價格或別的什麼價格比較，並從差額中得到交易效用。

## 打折商品真的很便宜嗎

　　商家經常打出打折的宣傳標語，「二折起」、「血本無歸」等，這些商品真的便宜嗎？很多商品確實可以得到一定的讓利，但也有一些商品其實並不便宜。所謂的打折，大多是為了迎合消費者的占便宜心理罷了。

　　占便宜心理是消費者為自己爭取利益和好處的心理傾向，並為此感到心理上的滿足。表現在購物方面，人們會因為用比以往少很多的價錢購買到同樣的產品而感到開心和愉快。價格對於消費者來說是非常敏感的，人們總是希望用較少的錢買到最好的東西。

　　打折促銷的本質就是讓消費者有一種占便宜的感覺，人們感到買到了實惠，往往會爭相購買，甚至義無反顧。原本標價一千多元的衣服，現在三四百元就可以買到，顯得太便

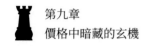
宜了，商家聲稱「買到就是賺到」，這樣非常能吸引消費者的注意。

## ■ 感覺便宜的陷阱

　　高價銷售一段時間，再實行打折促銷。許多商家在打折促銷之前，會按照定出的原價銷售一段時間，哪怕價格貴得沒有人買，他們也賺不到錢，也會照樣做下去，實際上是為以後的打折做鋪墊。促銷時，用橫線劃去原價，把促銷價標在旁邊，但要消費者看到原價。

　　在這些商家眼裡，消費者要的是感覺占到了便宜，而未必是真的便宜，是心理上的一種感覺。商家要把自己的商品賣出去，就要滿足消費者愛占便宜的心理，不管你的東西是貴還是便宜，關鍵是讓消費者感覺自己少花錢了。

　　也有的商家打折的時候提高原價，再以打折的名義出售。在這種情況下，商家對商品進行打折之前，就已經先提高商品價格，再以「打折」、「降價」、「抽獎」等為誘餌，將消費者引入「消費陷阱」。比如，有消費者投訴稱，按照 7 折的價格從賣場買回一臺標價 15,000 元的洗衣機，此後卻發現其原標價只是 12,500 元。

　　有的商家用不真實、不準確的廣告描述誤導消費者，以很小的字體或在不引人注意的位置標明贈送的附加條件等。

個別商場在廣告牌中把「3折起」中的「起」字寫得很小，消費者往往看成了「3折」，待消費者趕到商場搶購，結果發現商品基本上都是7折、8折，回頭再去看那個廣告牌，才發現原來還有個小小的「起」字。

折價券活動現在非常流行，尤其在網路購買中更是盛行。很多折價券也是為了吸引消費者，未必真的便宜。比如，本來花60元可以買到的商品，需要花100元以上，才能得到折價券，多花了不少的錢。買100元折50元，從表面上看，是打5折，但真實的價格是打6.7折。花100元買150元的商品，根本沒有看上去那麼「美」。

還有的商家在做活動的時候，翻出積壓的舊貨來促銷，實際上也是欺騙消費者。一些商場的很多品牌商品在旺季或者活動的時候經常斷貨，為了救急，就從次級批發市場進貨，實際上也是以次充好的行為。這些無良商家，讓消費者吃了虧還不知道。

以上都是一些不十分真實的打折促銷的方法，如果只是存心欺騙消費者，消費者在得知沒有占到便宜的真相後，很可能就會離你而去。一定要注意方式和分寸，既要滿足消費者的占便宜心理，又要確保他們真正得到實惠。

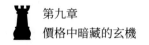

## ■ 行銷人員應該怎麼做

以下這些方法,是打折促銷活動中商家經常使用的。

(1)把商品原價用醒目的粗體字印在標價的前緣位置,把打折價(售價)用小字印在標價不顯眼的位置。這種做法能引起顧客對該商品的重視,使得顧客更有理由相信該商品一定「折價不少」,值得買。顧客會在心裡嘀咕:「打折價那麼不顯眼,一定是商家不願意顧客看到它。要不是我眼尖,還錯過了機會。」

(2)上面提到的「數字9」策略,如標價199元而不是200元。不過,許多消費者認為這種做法對零售商銷售業務無關痛癢。實際不然,統計數據顯示,使用「數字9」策略的銷售比不使用「數字9」策略的銷售可多出24%。

(3)「誘導型定價」。

一家知名雜誌社使用「誘導型定價」獲得業務成功。該雜誌有三種價位:網路訂購價59元/期,印刷品訂購價125元/期,網路及印刷品訂購價125元/期。第二種價位從表面上看純屬多餘,實際上是一種「誘導型定價」,而且是該雜誌銷售成功的關鍵,因為它有「誘導」顧客訂閱高價雜誌的作用。

調查結果顯示,16%的讀者選擇第一種價位,84%選擇

第三種價位，無人選擇第二種價位。但如果把第二種價位從雜誌價位表中除掉，即雜誌的價位只有二種，就只有 32% 的人選擇第三種價位，說明「誘導型定價」確實有巨大促銷作用。

「誘導型定價」還有其他形式。例如，如果葡萄酒零售商此前僅出售兩種價格的葡萄酒：100 元／瓶和 500 元／瓶，現在增加一個中間價位 300 元／瓶，則會對消費者產生巨大的誘惑力，銷量可能大幅上升。300 元／瓶是一個中間合理價格，以前嫌 500 元／瓶太貴的顧客會開始買 300 元／瓶的葡萄酒，而經常買 100 元／瓶的顧客也願意提升消費等級，轉入購買 300 元／瓶的行列。

同樣的東西，自己花較少的錢買到了，心裡就會有一定程度的滿足，期待與商家的下一次合作。不過打折促銷活動，最少應該持續 24 小時，讓一部分理性消費者，看到自己的誠意，而不是欺騙。

商家和行銷人員應該憑著真材實貨去贏得消費者的歡心，而不是透過各種小手段和方法去故作高深。要知道，要想讓自己活得更加長久，除了和消費者結成長久的關係之外，沒有其他的辦法。貨真價實＋行銷技巧才是最終勝出的王道。

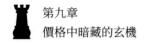

# 降價與漲價的規律

　　一般而言，價格的漲落會直接抑制或激發消費者的購買欲望，兩者呈反向關係。不過在某些較為特殊的情況下，消費者也會產生對價格變動的反向心理，導致「買漲不買跌」的反向行為，這種情況也是經常出現的，值得引起重視。

## ■ 降價不一定暢銷

　　當商品降價的時候，一些消費者會認為是商品品質下降，或是過時、滯銷的積壓品，而不認同降價行為；當商品漲價時，他們又認為是由於這些商品品質提高，或者產品的價格還有上漲的可能，於是反而做出購買行為。這也是消費者的一種心理反應。

　　對於某種商品降價，人們可能會想：

　　（1）可能將有新款式問世，才會降價。

　　（2）商品降價，不是有缺點，就是銷路差。

　　（3）降價的企業可能遇到了財務困難，它如果倒閉，將來零配件可能會沒處購買。

（4）價格還會下降，最好等一等再買。

（5）降價一定降低了品質。

在這幾種心理的作用下，價格越降可能越沒人買，而且亞洲人又普遍有種「一分錢一分貨」的心理，所以讓利銷售並不能真正打動多少人的心。

1990 年代，波音公司與空中巴士進行了一場價格混戰，波音公司採取頻繁降價策略，透過比街角雜貨店還要低的利潤率，試圖去建立自己在航空市場的超級霸主地位，結果不僅擾亂了整個航空市場的經營秩序，自己也股票大跌，付出了慘痛代價。

很多商家寧願實行優惠券政策，也不願意降價，原因就在這裡。優惠券能讓消費者在心理上形成反應機制，每當你看到名目眾多的優惠券時，就會產生一種「有便宜不占白不占」的感覺。優惠券能讓消費者在實際支付中造成價格失敏，持續刺激消費者。而且，優惠券的優惠策略會結合銷售情況及時更新。

## ▓ 避免降價的陷阱

為避免降價也不暢銷的陷阱，必須做到以下幾點，如圖 9-3 所示。

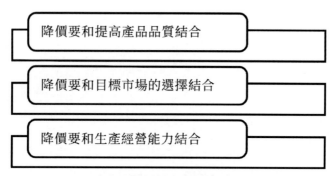

圖 9-3 降價必須注意的三點

（1）降價要和提高產品品質結合。作為消費者，注重產品的價格，更注重產品的品質。比質比價，比質在前，比價在後。一些劣質產品儘管價格較低，也很少有人過問，而一些高品質產品雖然比同類產品價格高出一些，人們仍爭相購買。企業只有在提高產品品質的前提下，才能吸引更多顧客。

（2）降價要和目標市場的選擇結合。只有具備一定銷售潛力的市場，方可採用薄利多銷策略。一個市場的需求有限，再薄利也無法達到多銷的目的。拿家電產品來說，目前城市家庭裡家電的普及率都非常高，偏遠山區這項指標相對很低，這類產品只有把偏遠山區市場作為目標市場，實行薄利多銷才最有效。

（3）降價要和生產經營能力結合。降價會帶來市場需求的增長，這要求企業有一定的現實生產能力和潛在生產能

力，源源不斷地提供這麼多的產品與之對應。如果企業的生產能力滿足不了這種要求，則在一定程度上為競爭者留出了空間，提供了迎頭趕上的機會，從而影響了企業自身的長遠發展。

## ■ 漲價不一定難賣

一般人總認為，價格上漲，需求就會減少。但是對於某些熱銷商品，消費者對此可能會另有理解：

（1）漲價表示是熱門貨，應該盡早買，否則怕買不到。

（2）這是一種有特殊價值的商品，所以漲價。

（3）賣主總是唯利是圖的，能漲價說明有銷路。

在這幾種「買漲不買跌」的心理作用下，漲價反而實現了盈利的增長。

當某個商品出現價格上漲的情況時，消費者往往認為它還可能會一路漲下去，出於怕再漲價自己購買時會吃虧的心理，往往市場上會掀起一場「搶購風」。消費者的這種心理在購買大型家電或貴重物品時表現得尤其明顯。

近年黃金價格不斷上漲，面對昂貴的黃金首飾，消費者都存在買漲不買跌的心態，價格越上漲，購買欲望反而會越強。相反，如果價格越是下降，消費者反倒不會光顧了。2001 年，黃金首飾每克賣 380 元時，各個黃金首飾店生意冷

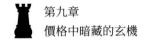
清，一些商店甚至被迫關門。後來，黃金首飾每克賣到 2,000 多元，反而生意很火熱。

有一種心理刺激效應叫作「大小刺激效應」，是指人們一開始受到的刺激越強，對以後較小刺激的感受和反應就會越遲鈍。也就是說，人們受到的第一次刺激能夠緩解他受到的第二次較小的刺激，前面的大刺激會使後面的小刺激顯得微不足道。

例如，在房地產銷售中，一處房產由原價 600 萬元突然漲到 700 萬元，不會有人感興趣，會使銷量下降。但如果漲到 620 萬元，購房者會趨之若鶩。原因就在於，一間房子 600 萬元，這個數目對消費者的心理刺激已經足夠大，當消費者接受了這個大刺激後，房價上漲 20 萬元或 30 萬元這個小數目，在消費者看來已經是可以接受的小刺激。房地產商正是洞悉了這個普遍的心理規律，使房價的上漲沿著一個緩慢而有序的軌跡，保持在合適的、心理可以接受的範圍之內。

透過買貴的物品，可以顯示自己的某種超人之處。消費者樂於追求高價，除了高價物品帶來的優越感之外，還在於高價物品的品質帶來的安全感。他們通常認為，價格高的物品，其商品功能、品質、品牌等也應該不錯。

## ■ 搭建一個「貴」的平臺

從消費角度看,「貴」也是賣點,可以滿足消費者的炫耀心理。那麼怎麼搭建一個「貴」的平臺呢?如圖 9-4 所示。

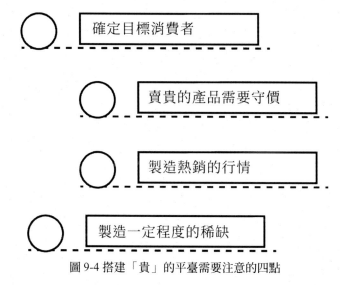

確定目標消費者

賣貴的產品需要守價

製造熱銷的行情

製造一定程度的稀缺

圖 9-4 搭建「貴」的平臺需要注意的四點

(1)確定目標消費者。經濟基礎比較殷實的消費者,炫耀心理更強。定價高的商品,目標消費者主要是那些功成名就、收入豐厚的高收入階層。在行銷上,要向高價產品轉移,重點推薦高價產品。

(2)賣貴的產品需要守價。便宜貨可以薄利多銷,有利就賣。賣貴貨則需要有耐心,不能急於成交,當消費者殺價

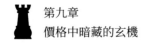

時，要守價，不能輕易就降價。要講清楚產品的獨特賣點在哪裡，給消費者一種產品很高級、值得付出高價的感覺。

（3）製造熱銷的行情。買漲不買跌的出現，主要是人們害怕產品的價格一直往上漲。這種情況經常出現在熱銷又顯示了一定程度稀缺的商品上。在從眾心理和炫耀心理的雙重影響下，消費者就會爭相購買，不在乎你的出價。

（4）製造一定程度的稀缺。這種稀缺可以是真的，也可以是表面的現象，關鍵是要給消費者一種感覺，這種商品並不是想買就隨便買得到的。在這種情況下，即便價格很高，消費者也容易買你的帳。

無論是漲價還是降價，都不要愚弄消費者，一定要保證產品的品質，讓他們覺得物有所值。價格低的商品照樣經久耐用，價格高的商品更是具有優良的品質和科學規範的服務。只有這樣，才能讓消費者在購物的過程中，獲得自豪感和成就感。


## 商品和配件總有一個比較貴

有一種現象，比較貴的商品，配件卻很便宜，便宜的商品，配件卻很貴，這是怎麼回事呢？例如，消費者買車的時

候，商家往往提供打折和優惠的服務，但是配件價格卻一直居高不下。換一個來令片至少也要一千五六百元，稍微好的就要一千八九百元。

商家巧妙地利用了消費者的預期心理，預期心理是指透過個人認知所確定的心理上所期待的目標。表現在消費方面，就是個人心理上所期待的商品特性，如商品的市場價格、服務體系、品牌知名度等。

## ■ 商品和配件不能都貴

較貴的產品，某個配件是較便宜的，這滿足了人們求便宜的預期心理。如果全部都很貴，給消費者的就純粹是貴的感覺，不符合人們的預期。只要其中一部分的商品給消費者便宜的印象，消費者就會感到很大程度的滿意，沖淡各種負面情緒。

例如，汽車整車的價格競爭是比較激烈的，要是貴了，消費者可以不買或者買其他的，如果價格上優惠點，滿足消費者的預期心理，就會明顯強化消費者對購買決策的滿意度。如果消費者選擇了優惠的產品，換配件的時候就會再來，在價格上也不會計較太多。

如果所有配件都很貴，就不符合人們的消費預期，就會抑制人們的消費，但是如果有那麼幾個配件較為便宜，又會

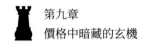
在一定程度上沖淡這種效應。利用這種效應，印表機可以五折促銷，墨水匣完全可以不打折，這樣消費者既買你的帳，又不會有什麼不滿的感覺。

市場上出現過這種情況，如家用轎車市場已經數次降價，但一向不被購車人注意的汽車配件，價格卻大幅上漲。是什麼原因導致了汽車配件價格大幅上漲呢？主要原因是廠商想補回整車利潤大幅下降所造成的損失，而且配件價格上漲、短期內不會對汽車的銷量造成比較大的影響。

## ■ 不可忽視配件的作用

不可忽視配件對產品的影響。例如，在多個家居賣場中，訂製類產品中價格的彈性因素除了傳統的板材之外，五金件占總價格的比重也逐漸增長，小小五金配件也漸漸有了四兩撥千斤的意味。在某個的訂製衣櫃店內，按板材總體價格為 15,000 元來計算，加上一個拉籃，大概需要加上 4,000 元，一個普通的衣櫃配上兩個抽屜、兩個拉籃，價格則要 25,000 元左右，給消費者一種價格很高的感覺。五金配件的使用已經直接決定了整體價格的高低。

五金配件的價格差異很大，單就門板支撐來說，價格就從二三百元到千元不等。小五金尚且如此，像拉籃、衣桿等產品更是如此。由於訂製衣櫃的價格是按照板材的展開面積

來計算的，所有板材、五金、門板等分別構成了總價格，因而牽一發而動全身。

這啟迪商家，若想拉動行銷，就要讓消費者滿意，實現心理預期。價格優勢常常是非常有效的競爭方法，誰的價格低，就意味著誰能在同行競爭中占得先機。這是一個良性的循環，這個循環不斷地運轉，你就會贏得源源不斷的新舊消費者。

想走中階路線的話，抓住消費者的預期心理，他們就不再以價格為標準去選購商品，而是以安心、開心、舒心等體驗為中心，從自身心態和感受來做出消費決定。

## 藉由化整為零，製造「散壓」心理

大部分消費者的支付能力有限，大件商品往往超出了他們的承受能力。怎麼在不降價的情況下，消解他們的購物壓力，讓他們購買呢？這就是「化整為零法」的運用。這不需要你做出實際利益的讓步，而是製造散壓心理。

人們常常受到內外環境的強烈影響，從而產生一系列的心理壓力，散壓心理就是一種緩解和疏導心理壓力的調節方法。適當地利用散壓心理，消費者的購買壓力在潛移默化中

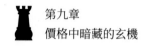
就會迅速變小。

信用卡分期付款的方式就是這種方法的典型應用。持卡人使用信用卡進行大額消費時，由銀行向商家一次性支付持卡人所購商品（或服務）的消費資金，然後讓持卡人分期向銀行還款。消費資金分期透過持卡人信用卡帳戶扣收，持卡人按照每月入帳金額進行償還。假設分期付款金額為 1,200元，分 12 期，每期月還款 100 元，手續費為 0.6％／月，每月實際扣取 100 ＋ 1,200×0.6％＝ 107.2 元。

「化整為零」作為行銷手段，經常被使用。比如，房地產為了營造熱銷的跡象，並不一次性推完，而是分批一批一批地推。如果有 150 套產品，在淡市，貨量整體認購會偏長，銷售壓力會大，如果分批推貨，可以帶給市場與顧客「熱銷」的錯覺。比如，一次性推 15 套，如果推售完畢，就可以在廣告裡打出類似於「推薦再次售罄」這樣的話語，刺激消費者。

在銷售中，如果一下子要求顧客做購買決策，他由於款額大或購買決策因素比較複雜，就可能拒絕整個銷售過程，這時就會常常用到化整為零的銷售技巧和話術。比以下面這個汽車銷售的例子。

業務員問：「請問您喜歡什麼顏色的車？」

顧客：「我比較喜歡銀灰色的。」

業務員指著展示車問：「我這裡的汽車外形有三個款式，有流線型、豪華型、輕便型，您喜歡哪一種？」

顧客：「我還是喜歡流線型的。」

業務員：「引擎從排氣量大到小，有四個型號，您選擇第二個型號比較好。」

顧客：「好。」

業務員：「考慮到您的家庭使用，還是選擇四門車比較好，平時可以用它辦事，休閒時可以帶全家旅遊。」

顧客：「不，我還是選五門車好，它比較氣派，即使出去休閒，五門車也夠用了。」

業務員：「那好吧，下面……」

這樣一步步引導顧客往下走，由於只是詢問顧客對汽車每部分的要求，而不是要求顧客全部購買，顧客的購買壓力相對要小很多。顧客即使提出反對意見，也是對部分的反對，不涉及整個拒絕。同時，這樣的過程，也是幫助顧客將自己的需要探究出來的一個過程。

化整為零的銷售技巧是一種很有用的話術，也是業務員必備的武器。再看一個房地產的銷售技巧。

業務員指著資料說：「整個建案的房子在景觀上分兩個類型，一個是海景房，也就是能看到海的那一部分，這樣的房子貴一點，但比較搶手。另一部分是美景房，儘管看不到

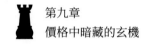
海，但社區內的景觀也非常美，價格也便宜。您中意哪一類？」

業主：「我還是喜歡美景房。」

業務員：「您看選擇這一片的住宅怎麼樣？」

業主：「不錯。」

業務員：「樓層您想選擇哪一層？」

業主：「我喜歡次頂層的。」

業務員：「我也喜歡。」

業務員帶著顧客走到戶型模型前：「現在看看您喜歡的戶型，您家有幾口人？」

業主：「三口人。」

業務員：「選兩房一廳的比較合適……」

對於汽車、房屋這樣多種要素決定的購買，顧客往往也不知道具體到細節該怎樣決定。「化整為零」的銷售技巧和話術，一邊給顧客提供參謀，一邊推動顧客決策，最後順理成章地達成購買。

當銷售的產品，除了產品本身的價值外，還有很多額外的價值，如可以免費升級、加送禮品、延長保固、終生維修等，會讓消費者感覺物超所值，產生很大的吸引力。這在銷售時，都可以具體、詳細地告訴消費者。

比如，行銷一部手機，原價 22,999 元的手機，現價僅為 22,200 元，額外還送價值 1,000 元的原裝鋰電池、2,200 元的藍牙耳機，再送價值 1,000 元的記憶卡，僅僅相當於 18,000 元，你就可以輕鬆擁有這部手機了。這樣的模式，也可以看作化整為零的方法。消費者聽後，會產生很大的購買欲望。

無論是做加法還是減法，乘法還是除法，關鍵是能分解問題，分散壓力，降低消費者的投入感，讓他們感覺完全消費得起。當消費者發現，自己投入一元就可以帶來兩元的消費，甚至會獲得十元回報的時候，與你達成銷售協議就是一件順理成章的事情。

# 融入時尚元素

消費者都受時尚心理的影響。時尚心理就是追求流行的東西，追求自己所尊崇的事物，以獲得一種心理上的滿足。在追求個性的時代，時尚心理的影響非常大，它會促使人們做出購買行為。這是大眾消費中最具生命力、最具情感因素的消費模式。

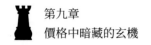
## ■ 時尚形成消費趨勢

商家利用人們的時尚心理賺錢。不管是手機還是電腦，白色的商品總比黑色的商品貴，這是為什麼？這通常不是與品質、成本等方面有關，而是與消費者心理有關。原因就是時尚心理在作怪，白色的比黑色的更顯時尚。

時尚心理不只是強調白色這麼簡單。時尚消費的最大特點是排斥理性、追求流行，是一種跟著感覺消費的感性消費。面對這樣的消費者，你只要激發對方的衝動、潛意識等感性心理，就可以左右消費者的消費意志，讓對方跟著你走。

對於有條件的企業，要想讓時尚流行起來，就要讓更多的人參與進來。最好採取強大的行銷攻勢，以便形成一定的客群壓力，促使消費者從眾，接受新時尚。時尚心理一旦得到大眾認可，就會被廣泛複製，形成一種消費趨勢。

D 婚顧公司自 1998 年創始以來，以其新穎、獨特的形式，成為社會生活和媒體關注的亮點，並且已融入了社會日常生活中，得到了社會各界的普遍認同。而今，在主辦單位和參與者的共同培育下，已逐漸成為一個頗受新人們歡迎的婚禮時尚品牌。

婚禮只有一個，但是它卻帶動了相當多的關聯產業。其中有與婚事直接相關的婚紗攝影、珠寶行、飯店、計程車公

司等，還有由此引發的旅行社、旅遊度假區，乃至財產保險公司等。配合銀行推出的「世紀相伴」個人金融業務，向新人提供購房、裝修、旅遊、綜合消費等信貨業務，實現了婚禮文化與金融文化的全新結合。

## ■ 時尚融入電子

如今的電子產品，早已不再給人宅男、深奧、死板的印象，潮流、時尚早已經被融合進來。時下最為火熱的「超級本」就是一個很好的例子，在操作方式、外觀配色、硬體配置上都用盡了心思。

例如，惠普筆電 Envy 4 的行銷文案，採用 14 英寸的液晶螢幕，整機是全鎂鋁合金材質，金屬質感較強。紅色的 Beats 音效標誌代表了其搭載的聲音效能系統。整個文案給人時尚十足的感覺。

## ■ 時尚融入運動

時尚跟運動之間的界限已經越來越模糊。事實上，據某運動品牌統計，其每年只有相當小的一部分產品會被消費者用以真正的體育活動，接近八成售出的鞋及運動服都歸功於年輕人的流行文化。業內人士感慨：「時尚似乎成了越來越多運動系列被選擇的原因。」

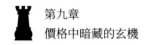
運動品牌被融入更多的時尚元素。Nike 的設計師開始探索用於運動鞋的另類面料、圖案和配色，使之呈現出強烈的視覺效果和時尚感。

New Balance 也非常注重產品的時尚性，每個系列的產品都有豐富的配色選擇，而且產品更新非常快，緊跟時尚節拍。

## ■ 時尚融入傳統

各種傳統產品，透過注入時尚元素而重新流行起來。

印尼傳統服飾巴迪克在工業化和西方時尚潮流的衝擊下曾一度衰退。要讓巴迪克重新流行起來，就需要加入時尚的元素。傳統的巴迪克服飾大多是黑色、棕色等較深的顏色，而且大部分在正式場合穿，款式比較單一。

製造商對巴迪克的顏色、款式和風格進行了革新，大膽選用一些亮麗的顏色，並把現代時尚元素融入了巴迪克的設計中，使其在任何場合都可以穿，巴迪克的風潮開始回歸。

無印良品成為回歸本質的另一種時尚。無印良品誕生於 1980 年代，當時泡沫經濟的日本市場名牌盛行，無印良品都反其道而行，提出無品牌的概念。這在當時相當前衛而時尚。無印良品的設計理念極具智慧，沒有過多的色彩和 LOGO 來體現品牌，因為更多的設計資源投入了產品設計

中，展現了對功能的極致掌控和對細節的完美追求。

　　無印良品的產品，從配色、原料、線條到觸感，都充滿了含蓄而低調的東方美，這種美不張揚，卻能打動人們的內心。

　　除了衣食住行，休閒娛樂、美容健身、終身教育、健康投資、家庭保障等新消費潮流正不斷湧現。即便日常生活必需品，在滿足消費者實用性需求的基礎上，也更加注重順應消費潮流，提高生活品味，美化人類生活，追求觀賞性、文化性、娛樂性、紀念性和裝飾性。

　　大多數人不但追趕時尚，而且趨之若鶩。時尚消費更迭十分迅速，商家若有半點遲疑，某一時尚元素就可能成為過眼雲煙。因此商家必須不斷推陳出新，透過變化產品的模式、風格、情調來刺激消費者的消費欲望，獲得消費者的認同。

　　亞洲將在不久的將來成為最大的奢侈品市場，而這其中，「時尚」是最為核心的詞語。面對不斷崛起的「9年級生」消費客群，時尚行銷聚焦於品牌而非產品，這吻合崛起的「新新人類」張揚個性、背逆傳統、追求自我、追隨時尚的文化特徵，為企業帶來了空前的機遇和創新空間。

電子書購買

爽讀 APP

國家圖書館出版品預行編目資料

從消費心理學看銷售，洞悉顧客的想法：掌握消費者的心，用一句話勾起潛藏購買欲 / 李征坤，楊雙貴，劉智惠，劉文斌 著 . -- 第一版 . -- 臺北市：崧燁文化事業有限公司 , 2024.06
面；　公分
POD 版
ISBN 978-626-394-359-9( 平裝 )
1.CST: 行銷策略 2.CST: 消費心理學
496.5　　113007364

# 從消費心理學看銷售，洞悉顧客的想法：掌握消費者的心，用一句話勾起潛藏購買欲

臉書

作　　　者：李征坤，楊雙貴，劉智惠，劉文斌
發 行 人：黃振庭
出 版 者：崧燁文化事業有限公司
發 行 者：崧燁文化事業有限公司
E - m a i l：sonbookservice@gmail.com
粉 絲 頁：https://www.facebook.com/sonbookss/
網　　　址：https://sonbook.net/
地　　　址：台北市中正區重慶南路一段 61 號 8 樓
8F., No.61, Sec. 1, Chongqing S. Rd., Zhongzheng Dist., Taipei City 100, Taiwan
電　　　話：(02) 2370-3310　　　傳　　真：(02) 2388-1990
印　　　刷：京峯數位服務有限公司
律師顧問：廣華律師事務所 張珮琦律師

-版權聲明 -

定　　　價：399 元
發行日期：2024 年 06 月第一版
◎本書以 POD 印製
Design Assets from Freepik.com